Leben retten - Kriminalität bekämpfen

Hunde im Einsatz

POLIZEI
POLIZEI

Friedrich Brettner

Leben retten - Kriminalität bekämpfen

Hunde im Einsatz

KRAL VERLAG

Grußwort

Der beste Freund des Menschen

„Auf den Hund gekommen" … so lautet ein altes Sprichwort! Es wurde zumeist dann verwendet, wenn vor allem materiell „nichts mehr ging" – symbolisiert durch einen am Boden einer Geldtruhe dargestellten Hund, der, wenn einmal sichtbar, darauf hinwies, dass die Geldmittel erschöpft waren.

In ganz anderer Bedeutung begegnet uns dieser beste Freund des Menschen im vorliegenden Buch, denn Fritz Brettner hat es einmal mehr geschafft, nicht nur Zusammenhänge leicht verständlich darzustellen, sondern auch die Vielseitigkeit unseres vierbeinigen Begleiters entsprechend zu würdigen. Es sind vor allem die Sinne eines Hundes, die wir Menschen im Laufe von Jahrtausenden zu unserem Vorteil zu nutzen gelernt haben. Umgekehrt weiß der „sozialisierte" Vierbeiner sehr genau, was er von seinem „Herrl/Frauerl" erwarten darf. Wenn wir Menschen bestimmte Hunderassen als besonders gefährlich „typisieren", ist es zumeist das „hundabgewandte" Ende der Leine, das für das Verhalten eines Tieres verantwortlich ist – Begriffe wie „Killerhund", „Kampfhund" und dergleichen lösen in mir ein reflexartiges Schutzverhalten dem Tier gegenüber aus.

Ob Wach-, Schutz-, Fährten- oder Therapiehund, es gibt kein anderes Tier, das so vielseitig einsetzbar ist. Suchaktionen nach Vermissten, Verschütteten oder abgängigen Unfallopfern können zumeist erst dann erfolgreich abgeschlossen werden, wenn die „Dienste" eines Hundes in Anspruch genommen werden. Mehr dazu dann aber in diesem Buch.

Beinahe „Mitleid" könnte entstehen, wenn ein verhinderter Einbrecher vor den fletschenden Zähnen einer höchst aktiven und pfeilschnellen „vierbeinigen Alarmanlage" flieht. Hingegen entsteht ein Gefühl zunehmender Herzenswärme, wenn der liebevolle Umgang älterer Menschen mit einem „Betreuerhund" beobachtet werden kann.

Sehr vielfältig also sind die Einsatzmöglichkeiten für unsere vierbeinigen Freunde. Diesem Umstand ist es zu danken, dass sich sehr viele Einsatz- und Hilfsorganisationen der „Feinarbeit" dieser höchst liebenswerten Geschöpfe bedienen. Von der Polizei über Bundesheer und Rotes Kreuz bis hin zu Rettungshunde-Organisationen, für die er ein unverzichtbares „Arbeitsinstrument" ist – sie alle vertrauen dem Spürsinn eines Hundes.

Einem schier unerschöpflichen Erfahrungsschatz im Umgang mit diesem treuen Weggefährten ist es letztendlich zu danken, dass dieses aufgrund seiner Authentizität besonders lesenswerte Buch überhaupt erst entstehen konnte. Langjährige persönliche Erfahrungen als Gendarmerie-Diensthundeführer befähigen den Autor, einen tiefen Blick in die treue Seele eines Hundes und seines unverzichtbaren Partners „Mensch" zu ermöglichen.

Den geschätzten Leserinnen und Lesern wünsche ich viel Freude mit diesem sehr kurzweiligen Buch und gratuliere dem Autor, Prof. Friedrich Brettner, zu diesem gelungenen Werk.

Generalmajor Mag. Arthur Reis
(Leiter des Bildungszentrums Traiskirchen, ehem. Landespolizeikdt. f. NÖ)

Zum Geleit

Auf den folgenden Seiten möchte ich aufzeigen, wie in den letzten Jahren die Fähigkeiten unseres treuesten Begleiters, des Hundes, zum Wohle der Menschheit genutzt werden, und zwar wie er vom Kettenhund in den Bauernhöfen durch Forschung, Geduld und viel Einfühlungsvermögen zu diesen Leistungen gebracht werden konnte.

Ob es nun private Idealisten oder berufliche Hundeführer waren, ihnen allen meine Hochachtung. Besonders den vielen Freiwilligen, die nicht nur auf ihre Kosten arbeiten, sondern auch ihre Freizeit dafür opfern.

Beginnend mit den Such-, Lawinen- und Rettungshunden, wobei ihre Führer viele Stunden ihrer Freizeit der Arbeit mit ihren Hunden widmen und auch alle Suchaktionen aus Idealismus und ohne Bezahlung absolvieren.

Weiters den Begleit- und Therapiehunden, Epilepsiehunden, Krebserkennungshunden und Diabetikerwarnhunden, ob sie nun ihren blinden Herrn durch sein Leben geleiten, einen bevorstehenden Zuckerschock anzeigen oder alten oder alleinstehenden Menschen das Leben noch lebenswert machen.

Auch in folgenden Berufen unterstützen sie die Arbeit ihrer Führer. Beim Zoll durch ihre Nasenarbeit. Sie sind in der Lage, Drogen, Tabakerzeugnisse, größere Geldbeträge, artengeschützte lebende Tiere und tierische Erzeugnisse in Fahrzeugen, Gepäckstücken oder am Körper aufzuspüren.

Bei der Polizei auch als Schutzhund, der seinen Führer bei gefährlichen Einsätzen beschützt und verteidigt. Sowie als Fährtenhund, um gefährliche flüchtige Täter festzunehmen, und als Drogenspürhund, Geruchsspurenvergleichshund, Leichenspürhund, Brandermittlungshund und Sprengstoffspürhund.

Beim Militär gibt es auf der ganzen Welt keine Einheit mehr, die nicht Hunde hat. Angefangen von den Wachhunden zur Bewachung spezieller Anlagen, Einrichtungen und zum Schutz des Hundeführers. Weiters als Sprengmittel- und Minensuchhund.

Dann gibt es noch bei den Spezialeinheiten von Polizei und Militär Zugriffshunde, die bei der Erstürmung und Festnahme gefährlicher Personen eingesetzt werden.

In diesem Buch möchte ich den Lesern in einigen Beispielen aus dem Leben unserer treuesten vierbeinigen Begleiter berichten, und damit man sich ein Bild von den Einsätzen machen kann, erzählen Diensthunde aus ihrem Leben.

Es gibt kein Tier, das in seinen Empfindungen und Zuneigungen so innig sein kann wie ein Hund.

In dem Kapitel „Zur Geschichte" über die historische Entwicklung geht es um den Einsatz von Hunden bei den verschiedensten Institutionen vom 1. Weltkrieg bis zum Jahre 2017 sowie um die hohen Verluste im 2. Weltkrieg, als von insgesamt 40.000 eingesetzten Hunden 25.000 vor dem Feind geblieben sind.

Der erste Teil des Buches zeigt den Fortschritt bei der Ausschöpfung der Fähigkeiten des Hundes, sowohl bei Rettung, Zoll, Polizei, Militär als auch bei den privaten Suchhunden in Österreich und Deutschland.

Der Diensthundeführer oder angehende Hundeführer bekommt seinen Junghund im Alter von zwei Monaten, ab diesem Zeitpunkt lebt er im Familienkreis. Er wird über den Spieltrieb schön langsam erzogen, fährt auch zu den monatlichen Übungstagen, und nach einem Jahr erfolgt die Überprüfung bzw. die Zulassung zum 1. Kurs.

Andere Institutionen wie Sondereinheiten erwerben die Hunde erst mit einem Jahr zur Ausbildung.

Seit der Polizeireform 2005 in Österreich gibt es nur mehr eine Polizei, und damit wurde auch das Diensthundewesen umgestaltet und Diensthundeinspektionen geschaffen, von wo aus nur mehr Spezialisten mit ihrem Diensthund ihren Exekutivdienst versehen.

Anhand der Berichte und Erzählungen soll ein Einblick in die Hundeseele vermittelt werden, egal ob es nun um Diensthunde bei Polizei, Zoll, Militär, Rotem Kreuz, Bergrettung oder um Suchhunde verschiedener Vereine geht.

Prof. Friedrich Brettner

Gloggnitz, im Februar 2018

Inhaltsverzeichnis

I. Das Sanitätshundewesen

Sanitätshunde hatten die Aufgabe, in und nach der Schlacht Verwundete aufzuspüren. Im Jahr 1893 wurden vom Zoologen Ritter pp. Bungartz das Sanitätshundewesen und der „Deutsche Verein für Sanitätshunde" gegründet.

Nach Ausbruch des Ersten Weltkrieges bzw. 1916 konnten der Heeresverwaltung durch die rege und zielbewusste Arbeit des Vereins bereits 3.200 abgerichtete Sanitätshunde zur Verfügung gestellt werden, wofür es folgendes Schreiben und einen Orden gab.

„Militär-Kanzlei des Großherzogs von Oldenburg

Euer Hochwohlgeboren haben vor 22 Jahren den Deutschen Verein für Sanitätshunde ins Leben gerufen und sind dadurch der Gründer einer Kriegswohlfahrtseinrichtung geworden, die in diesem Feldzuge außerordentlich viel Gutes für die Verwundeten geleistet hat.

Seine Königl. Hoheit, der Großherzog von Oldenburg, haben daher Euer Hochwohlgeboren in dankbarer Anerkennung das Friedrich-August-Kreuz II. Klasse am rotblauen Band verliehen, dessen Insignien beiliegen.

gez. von Jordan, Oberst u. Flügeladjutant"

Stabsarzt Dr. Meirowski schreibt: „Ich freue mich mit Ihnen, dass der Krieg den Beweis der Zweckmäßigkeit Ihrer Gründung des Sanitätshundewesens erbracht hat. Viele, viele Verwundete werden dankbar des Mannes gedenken, dem sie ihr Leben verdanken, auch ohne ihn beim Namen zu kennen oder zu nennen.

Im Namen des Roten Kreuzes war dem Hund eine edle Aufgabe zugefallen, da er als Mithelfer bei der Verwundetensuche auf den Schlachtfeldern eine wertvolle Ergänzung bei der Auffindung und Bergung derselben war.

Die Wirklichkeit hat gezeigt, was die braven Hunde zu leisten vermochten. Im Schnee und Eis der zerklüfteten Karpaten, wie in den unwirtlichen Gefilden Russlands, im Sonnenbrand, bei Regen und Sturm haben die Sanitätshunde mit ihren pflichtgetreuen Führern wahre Heldentaten der Nächstenliebe vollbracht. Wie viele tausende von Verwundeten die Rettung ihres Lebens und die Wiedererlangung ihrer Gesundheit einem Sanitätshund verdanken, ist nicht bekannt und wird wohl niemals bekannt werden. Die Zukunft des Sanitätshundes ist aber unumstritten sichergestellt."

Rotkreuz-Schwester mit Sanitätshund 1. Weltkrieg

Der deutsche Sanitätshund Romeo, Deutscher Schäferrüde, rettete 37 Verwundeten das Leben. Er selbst wurde zweimal verwundet und dennoch 20 Jahre alt. Er steht heute mumifiziert in einem Hamburger Museum.

1919 schrieb der Zoologe Bungartz: „Der Kriegs- und Sanitätshund muss nun nach rühmlicher Tätigkeit auf dem Kriegsschauplatz von der Schaubühne seines Wirkens abtreten. Sie haben beide ihre Schuldigkeit getan und wir wollen ihrer immer in Dankbarkeit gedenken."

Im Zweiten Weltkrieg wurden in der Heimat Hunde bereits für die Trümmersuche eingesetzt.

1966 wurde in Wien die Österreichische Rettungshundebrigade als erste private Organisation in Österreich gegründet.

Rettungshunde mit ihren Führern sind rund um die Uhr im Einsatz, sowohl im In- als auch im Ausland, um Leben zu retten. Auch die modernste Technik kann das hochkomplexe Riechorgan eines Hundes nicht ersetzen. Der Hund hat 215 Millionen Riechzellen mehr als der Mensch.

Die Hundeführer/innen sind alles Freiwillige, auch die Ausbildung der Hunde wird von freiwilligen Mitgliedern durchgeführt.

2017 gibt es in Österreich mehrere Rettungshundeorganisationen – einige davon:

- Rettungshundestaffel des Wiener Landesfeuerwehrverbandes

- Rettungshundestaffel der Feuerwehr Kapfenberg-Stadt
- Rettungshundebrigade Österreich
- Österreichische Suchhundestaffel des Roten Kreuzes
- Österreichischer Verein der Diensthundeführer
- Österreichischer Gebrauchshunde Sportverband
- Österreichischer Rassehundeverband
- Österreichische Krebserkennungshunde
- K 9 Plattform ist die Dachorganisation österreichischer Rettungshundevereine

In Österreich sind Flächensuchaktionen nach Abgängigen die häufigsten Einsätze. Die Hunde werden als Flächen-, Trümmer-, Lawinen-, Wasser- und Fährtensuchhunde ausgebildet. Diese Hunde dürfen nicht im Exekutivdienst eingesetzt werden.

Grundsätzlich ist jeder Hund geeignet, der gesund, nervenstark und arbeitswillig ist. Er soll mittelgroß und bewegungsfreudig sein. Die Hundeführer/innen sollen volle körperliche Fitness aufweisen.

Einsätze im Ausland

Eingesetzt werden die österreichischen Rettungshunde auch im Ausland. Nur geschulte Teams können nach Naturkatastrophen angefordert werden. Die Rot-Kreuz-Hundeführer sind für diesen Zeitraum in den Sanitätsdienst gestellt und müssen eine mehrtägige Einsatzprüfung absolviert haben.

In Österreich gibt es Hundeführer/innen (eine genaue Zahl nicht feststellbar), die für internationale Katastrophen gerüstet sind. Diese Teams müssen zehn Stunden nach der Anforderung abflugbereit sein.

II. Rotkreuz-Suchhunde

Vorab ein Schreiben, das den Autor von General Josef Schmoll, BA, Präsident Österreichisches Rotes Kreuz, Landesverband Niederösterreich, erreicht hat:

„Sehr geehrte Leserin, sehr geehrter Leser,

Sie halten heute ein Buch in Händen, das sich mit einem Thema auseinandersetzt, das mir ganz besonders am Herzen liegt: den Rotkreuz-Suchhundestaffeln. Ich möchte mich an erster Stelle bei Autor Prof. Friedrich Brettner für sein Engagement bedanken, dieses Buch zu schreiben. Ich möchte mich aber auch bei den Mitgliedern der Rotkreuz-Suchhundestaffeln bedanken, die jederzeit in Einsatz gehen, wenn Menschen in Not sind, wenn sie vermisst werden. Jederzeit, freiwillig und unentgeltlich.

General Josef Schmoll BA, Präsident Österreichisches Rote Kreuz

Mein eigener Bezug zu den Suchhundestaffeln ist ein vielfältiger. Erstens darf ich als Präsident des Roten Kreuzes in Niederösterreich alle Einheiten – so auch die Suchhunde – sozusagen als oberster Freiwilliger leiten und führen. Was mich mit großer Dankbarkeit und auch Stolz für derartiges Engagement erfüllt. Zweitens: Auch im privaten Bereich begleitet mich das „Thema" Suchhunde täglich, da meine Frau Sabine selbst Rotkreuz-Suchhundeführerin ist und mit ihren Vierbeinern Dolli und Ina nicht nur laufend Trainings absolviert, sondern auch immer wieder in den Einsatz geht, wenn Hilfe gebraucht wird.

Und last but not least war ich selbst mehrere Jahre lang immer wieder im Auslandseinsatz und habe dort unter anderem auch die Einheiten vor Ort koordiniert, so natürlich auch die Rotkreuz-Suchhunde. Diese Auslandseinsätze in der Türkei, in Algerien, im Iran oder nach dem Tsunami in Thailand waren für mich neben der Arbeit für das Rote Kreuz im Inland besonders prägend.

Ganz besonders freut es mich, dass unsere Expertise in der Suchhundeausbildung nicht nur über unsere Grenzen hinaus bekannt ist, sondern auch in Anspruch genommen wird. Seit mittlerweile rund zwei Jahren unterstützen unsere Trainerinnen und Trainer auch die Suchhunde-Einheiten der Polizei von Marokko durch Trainingseinheiten sowohl in Österreich als auch in Marokko. Und auch jordanische Suchhundeteams wurden bereits von Rotkreuz-Trainer/innen ausgebildet.

Zum Einsatz kommen unsere Rotkreuz-Suchhunde am häufigsten für die Flächensuche. Dabei werden Menschen gesucht, die aufgrund von Krankheiten oder Unfällen nicht nach Hause gekommen sind – oder auch ältere Personen, die nicht mehr zurückfinden. Aber auch für die Trümmersuche wird trainiert, beispielsweise zur Suche nach vermissten Personen nach Gebäudeeinstürzen, Gasexplosionen oder international nach Erdbeben. Aber auch in den Auslandseinsatz werden sie gerufen, wenn zusätzliche Suchmannschaften beispielsweise nach einem Erdbeben gebraucht werden.

Tagtäglich gehen wir davon aus, dass das alles selbstverständlich ist. Dass es völlig klar ist, dass Menschen da sind, die helfen – egal ob es Suchhunde-Einheiten, Katastrophenhilfe, Rettungsdienst oder viele andere Leistungen sind. Ehrenamts-Arbeit ist aus unserer Gesellschaft nicht mehr wegzudenken – sie ist ein wesentlicher Bestandteil unseres Lebens. Es ist eine Wertehaltung, die dadurch geprägt wird. Ohne Ehrenamt, ohne Menschen, die einfach aus Überzeugung helfen wollen, wäre unsere Gesellschaft arm an Werten. Hilfsbereitschaft, sich einzusetzen und nicht die Augen vor Leid und Bedürftigkeit zu verschließen, sind wesentliche Grundsteine. Ich bin stolz auf unsere vielen Helferinnen und Helfer, die sich tagtäglich für Menschen einsetzen.

General Josef Schmoll, BA
Präsident Österreichisches Rotes Kreuz
Landesverband Niederösterreich"

NIEDERÖSTERREICH
(Landeskommandant: Hugo Karner)

Landeskommandant Hugo Karner: „Die erste Suchhundestaffel des Roten Kreuzes wurde 1990 in Wiener Neustadt gegründet.

Seit 1997 bin ich als Freiwilliger bei der Rotkreuz-Suchhundestaffel Wiener Neustadt tätig. Ich war 2011 mit meinem Suchhund Flash internationaler Staatsmeister der Rettungshunde, bin ausgebildeter ÖKV-Trainer und stellvertretender Bundeskommandant der Suchhundestaffeln des Roten Kreuzes.

Die Suchhundestaffeln des Roten Kreuzes werden gerufen, wenn ein Mensch vermisst wird. Die Staffeln sind rund um die Uhr im ganzen Jahr einsatzbereit und können über 144 Notruf Niederösterreich alarmiert werden.

Hugo Karner

Als Landeskommandant der Rotkreuz-Suchhunde Landesverband NÖ sehe ich mit Freude und großem Stolz auf die Leistungen und den Einsatz unserer Suchhundestaffeln.

Insgesamt verfügen wir derzeit über acht Standorte, die über Niederösterreich gut verteilt sind, um so bei der Suche nach Vermissten effizient und schnell helfen zu können. Alle unsere Mitglieder sind ehrenamtlich tätig – und dass auch Tiere Menschlichkeit verbreiten können, beweisen die Rotkreuz-Suchhunde schon seit mindestens einem Jahrhundert.

Es bedarf eines hohen Anteils an Idealismus, wenn man sich der Herausforderung stellt, jederzeit einsatzbereit zu sein, rund um die Uhr und das 365 Tage im Jahr. Das Einsatzgeschehen hat sich zudem im vergangenen Jahrzehnt zu einem großen Teil in die Nacht verlagert, was eine zusätzliche Herausforderung für unsere Teams bedeutet. Erwähnen möchte ich auch, dass bei neun von zehn Einsätzen die vermisste Person gefunden wird, was einerseits auf den sehr hohen Ausbildungsstand zurückzuführen ist und andererseits auf die sehr gute Zusammenarbeit mit den Einsatzorganisationen, wie der Polizei, Feuerwehr und anderen Rettungshundeorganisationen wie ASBÖ, ÖHU, ÖRHB und der Rettungshunde NÖ. Unsere Einsätze für Menschen in Not sind übrigens kostenlos.

Auf dem Weg zu einem fertig ausgebildeten Einsatzteam braucht sowohl der Hundeführer/ die Hundeführerin als auch das Tier sehr viel Ausdauer – aber auch die Erfahrung und das Können unserer Trainerinnen und Trainer bilden eine wesentliche Stütze, um unsere Teams für diese verantwortungsvolle Aufgabe vorzubereiten. Nur bestens ausgebildete Suchhundeteams werden in den Einsatz entsen-

Sieger Hugo Karner, Suchhundemeisterschaft

Landesübungen

O.: Landes-übungen

U.: Prüfungen

det. Die Überprüfung der Teams nach nationalen und internationalen Standards ist für uns eine Selbstverständlichkeit. Für den internationalen Einsatz müssen sich die Teams auch einem Flächeneinsatztest stellen, der über zwei Tage andauert und bei dem beispielsweise auch Nachtsuchen gefordert werden.

Um diese Teams zu trainieren, bedarf es dementsprechend bestens ausgebildeter Trainerinnen und Trainer. Hier nutzen wir einerseits die Erfahrung und das große Wissen, die im Roten Kreuz vorhanden sind, andererseits absolvieren unsere Trainer eine kynologische Ausbildung und Überprüfung nach nationalen Standards des Österreichischen Kynologenverbandes.

National werden die Suchhunde am häufigsten für die Flächensuche eingesetzt. Dabei werden meist Menschen gesucht, die aufgrund von Krankheiten oder Unfällen nicht nach Hause gekommen sind – oder auch ältere Personen, die nicht mehr zurückfinden. Aber auch für die Trümmersuche wird trainiert, beispielsweise zur Suche nach vermissten Personen nach Gebäudeeinstürzen, Gasexplosionen oder international nach Erdbeben. So waren die niederösterreichischen Suchhundeteams beispielsweise nach den Erdbeben in der Türkei, in Algerien oder im Iran im Einsatz.

Neben dem Einsatzgeschehen stellen wir uns auch bei nationalen und internationalen Überprüfungen und Turnieren der Herausforderung – dabei konnten wir bereits mehrmals Topplatzierungen erreichen. Ganz besonders stolz sind wir natürlich auf unsere Weltmeistertitel 1999, den Staatsmeistertitel 2011, aber auch einige zweite und dritte Plätze sowie viele Top-Platzierungen unter den besten zehn.

Der Zeitaufwand, die vielen Herausforderungen, Höhen und Tiefen bei der Ausbildung zum Einsatzteam – das alles wird belohnt, wenn die vermisste Person im Einsatz gefunden wird. Es gibt kaum ein schöneres Gefühl, als einen vermissten Menschen zu seinen Angehörigen zurückbringen zu können."

WIENER NEUSTADT

Kommandantin: Karin Karner, seit 2002 beim Roten Kreuz.

„Im Jahre 1996 zog unser erster Hund ein, eine Hovawart-Hündin namens Bella. Sie sollte ein Haushund sowie ein treuer Freund unserer Kinder werden.

Da dieser Hund etwas schwierig in seinem Wesen war, suchte mein Mann Hilfe und kam dadurch zur Rotkreuz-Suchhundestaffel Wiener Neustadt. Schnell begann die Ausbildung der beiden und ich wurde zum unterstützenden Mitglied der Suchhundestaffel Wiener Neustadt.

Staffelleiterin Wiener Neustadt Karin Karner

Im Jahre 2002 kam unser zweiter Hund, ein Malinois-Rüde namens Flash, zu uns. Als uns Bella 2009 verließ, konnte ich mir einen Hund aussuchen.

Am 20. 5. 2009 trat ich nun als fixes Mitglied der Staffel Wiener Neustadt bei.

Am 16. 12. 2010 kam meine Malinois-Hündin Easy zur Welt, die ich im Februar 2011 holte und zum Rettungshund ausbildete.

2012–2017 machte ich mit Easy diverse Prüfungen in Fläche und Trümmer nach IPO-R.

22. 2. 2014: ÖKV-Kursleiterprüfung für Hundeausbildung in Unterordnung.

10. 1. 2015: Führungskräfte-Kurs im Roten Kreuz zur Führung einer Gruppe.

24. 5. 2015: Flächeneinsatztest mit Easy für die Einsatzfähigkeit zur Personensuche.

Seit Dezember 2016 bin ich Staffelleiterin der Suchhundestaffel Wiener Neustadt."

Geschichte: Im Jahr 1979 suchten sechs Rettungshundeführer Anschluss an eine öffentlich anerkannte Hilfsorganisation. Die Idee, bei der Freiwilligen Feuerwehr als Hundeführer eingegliedert zu werden, musste verworfen werden, da diese Organisation seinerzeit keine Frauen als Mitglieder aufnehmen konnte. Im darauffolgenden Jahr führten dieselben Gespräche mit dem damaligen Bezirksstellenleiter, Hr. Dir. Kuttner, über die Aufnahme beim Roten Kreuz in Wiener Neustadt statt. Die Rotkreuz-Suchhundestaffel Wiener Neustadt wurde am 1. 2. 1980 gegründet.

Einsätze: Vermisstensuche in den Wiener Hausbergen, Erdbebeneinsätze in Armenien, der Türkei und Algerien, Suche in eingestürzten Gebäuden – Beispiele für die Hilfsleistungen der Suchhundestaffel von Wiener Neustadt.

Die Mitglieder stehen rund um die Uhr bereit, um in Einsätzen ihre Arbeit zu leisten. Diese Einsätze sind gänzlich kostenlos, und alle Mitglieder arbeiten in ihrer Freizeit auf freiwilliger Basis.

Hunde der HF Karner

Durch die langjährigen Erfahrungen mit Hundearbeit ist es gelungen, einen Ausbildungsstand für Hund und Hundeführer zu schaffen, der optimale Leistungen in jedem Einsatz garantiert.

Die Staffel zählt 19 Mitglieder, mit Junghunden in Ausbildung, einsatzfähigen Hunden für Flächen- und Trümmersuche sowie einigen Hunden, die bereits die Pension genießen.

Großeinsätze national und international:

- 1980 Erbeben in Süditalien
- 1985 Erbeben in Mexiko
- 1988 Erdbeben in Armenien, wobei 6 Hundeführer 41 Lebendbergungen durchführten
- 1990 Vermisstensuche in Südtirol/Schnalztal
- 1999 Erbeben im August in Izmit/Türkei (17. bis 22. August 1999), wobei 7 Hundeführer bei 31 Lebendber-

Staffel Wiener Neustadt

Überreichung der nö Landesauszeichnung „Der Heilige Leopold" durch Milak-Kommandant General Culik an die Staffel Wr. Neustadt

gungen wertvolle Arbeit leisteten. Bei diesen Erdbebeneinsätzen war es auch von enormer Wichtigkeit für die Angehörigen, die Ortung von Toten durchzuführen.

- 1999 Erdbeben im November in Dücze/Türkei (12. bis 16. November 1999), 7 Hundeführer/drei Lebendbergungen.
- 1999 Gasexplosion in Wilhelmsburg im Dezember mit zwei Lebendbergungen
- 2003 Erdbeben in Algerien

Die Suchhundestaffel nimmt auch an nationalen und internationalen Turnieren teil, um ihre Leistungen mit anderen Rettungshundeteams vergleichen zu können. Die Ergebnisse bestätigen uns immer wieder, dass wir am richtigen Weg sind. Denn überall, wo die Wiener Neustädter Rotkreuz-Suchhundestaffel teilnimmt, ist sie bei den Platzierungen auf den Spitzenplätzen zu finden.

Ehrungen und Auszeichnungen: 2000 Hl. Leopold vom Land NÖ

Auslandseinsätze: 2003 24.-26. 5. 2003 Algerien, 26.- 30. 12. 2003 Iran

Inlandseinsätze: 2000 bis 2010 80 Einsätze

Turniere:
- 2002 WM Ungarn, 3. Rang in Fläche, 7. Rang in Mannschaft
Tschechische Staatsmeisterschaft 1. Rang
- 2003 Öst. Staatsmeisterschaften, 1. Rang in Trümmer, 2. Rang in Mannschaft
- 2008 Öst. Staatsmeisterschaften, 5. Rang in Fläche, 10. Rang in Fläche
- 2010 Öst. Staatsmeisterschaften, 4. Rang

Nationale und internationale Großübungen
- 2008 Mannschaftseinsatzübung in Zagorje (Slowenien)
- 2009 Bundesübung Tempest in der Steiermark
- 2010 Übung „Zary" in Polen

Einsatzauftrag für das Suchhundeteam des Österreichischen Roten Kreuzes in Armenien

7. 12. 1988 Erdbeben in Armenien, weltweiter Katastrophenalarm ausgelöst. Die Tyrolean Air Ambulance fliegt mit einem Charterflug die Bergrettung und die Suchhunde des Roten Kreuzes nach Eriwan.

Das Erdbeben hat ca. 80.000 Tote gefordert, aber eine große Anzahl von Menschen ist noch unter eingestürzten Häusern und Gebäuden verschüttet.

Vier Wiener Neustädter Hundeführer sind vier Tage im Einsatz, darüber einige Berichte:

Zuerst der Flug nach Istanbul, weiter mit einer Transportmaschine, nach einer halben Stunde Landung und mit einem LKW zum Einsatzort in Lenin Akan. Einsatz ein mehrstöckiges Wohnhaus, vermutlich 100 Personen verschüttet, nach ca. 45 Minuten den ersten Toten, dann noch einen. Der Verwesungsgeruch ist überall. Wir müssen den Hunden mit feuchten Tüchern die Schnauzen reinigen. Die Nacht im Zelt, wir schlafen mit Stiefeln und Pelzkappen, trotzdem frieren wir.

Der nächste Tag, Anzeige und Bergung einer schwangeren Russin, unter einer Schutthalde eine Frau eingeklemmt, die Chirurgen müssen ihr beide Beine amputieren, um sie frei zu bekommen. Kurz darauf ein Erfolg, unter einer Betonplatte mehrere Überlebende, aber auch Tote. Dann konnten wir die Stellen, wo die Hunde angezeigt haben, nur mehr anzeichnen. Weiter ging es zum nächsten Schutthaufen. Die Leute bettelten uns an, doch zu ihrem Haus zu gehen, wir wurden umarmt, die Leute beschenkten uns auch mit ihren letzten Äpfeln, die sie noch hatten. Sie erwarten Wunder von uns, ein kleiner Bub umarmt und streichelt unsere Hunde, dann setzt er sich auf einen Betonblock und weint leise vor sich hin, Papa und Mama liegen darunter.

Gemeinsam mit Kollegen retteten wir zwölf Menschen in der Stadt Lenin Akan, insgesamt 30 Opfer wurden von den Hunden gefunden. Dann sind wir und unsere Hunde am Ende unserer Kräfte, auch wird die Lage immer aussichtsloser. Nach 4 Stunden mit einem LKW sind wir endlich in Eriwan am Flughafen. Jetzt beginnt das Warten, endlich nach 4 Stunden eine AUA DC 9 startet mit uns Richtung Wien und um 04.00 Uhr Früh sind wir vier, Johann I., Hannes K., Erwin T. und Wolfgang Sch., zu Hause. An diesen Einsatz werden wir noch einige Zeit denken.

Johann Katzgraber, Hundetrainer seit 1987 beim Roten Kreuz, zuerst in Aspang und ab 1989 bei der Suchhundestaffel Wiener Neustadt mit seinem Deutschen Schäfer-Rüden Axel. Nach zwei Malinois- Rüden führt er jetzt den 10-jährigen Malinois-Rüden Cliff. Er ist Ausbildner und internationaler Richter.

Er hat an folgenden Auslandseinsätzen teilgenommen: 1999 in den Monaten August und November in der Türkei und 2003 im Iran:

„Beim Türkeieinsatz hat mir einiges zu denken gegeben, so kam ein Hundeführer zu mir und erklärte mir, dass sein Hund in ein großes, halb eingestürztes Gebäude nicht hineingehen will. Als ich meinen Hund hineinschicken wollte, verweigerte er auch – kurz darauf stürzte das gesamte Gebäude zusammen. Haben Hunde einen Sinn mehr als wir Menschen?

Damit diese Einsätze überhaupt durchgeführt werden können, ist natürlich auch die Logistik-Abteilung des Roten Kreuzes gefordert. In einem Zentrallager in Wien lagert alles, was für solche Einsätze gebraucht wird. So müssen Zelte, Aggregate mit Techniker, Lebensmittel für die Mannschaften und Hundefutter für die Tiere mitgeführt werden. Bezüglich des Tierfutters ist es daher notwendig, dass die Hunde auch in der Heimat alle das gleiche Futter bekommen. Für den Anfang wurden in den Iran auch 70 l Wasser mitgeführt, da es ja in den meisten Erdbebengebieten kein Wasser gibt."

Der Einsatz: „Die in Frage kommenden Hundeführer/innen werden telefonisch kontaktiert, bei einer Zusage gehen sie zu ihrem Stützpunkt, werden mit Rotkreuz-Fahrzeugen in das Zentrallager nach Wien gebracht, bekommen dort ihre erforderliche Ausrüstung und werden dann zum Flughafen nach Schwechat gebracht. Mit einer Chartermaschine – das Ausrüstungsmaterial und die Verpflegung im Frachtraum, die Hundeführer/innen mit Hunden im Passagierraum – werden sie in das Einsatzland geflogen. Während des Fluges wird den Helfern bereits eine Checkliste über das Land, seine Einwohner, ihre Religion und alles Wichtige zum Studium übergeben."

1999 Ein schweres Erdbeben in der Türkei. Um 15.00 Uhr des 17. August wurden die Hundeführer verständigt, und sieben aus Wiener Neustadt und einer aus Neunkirchen flogen bereits am Abend mit ihren Hunden in das türkische Einsatzgebiet Izmit. Insgesamt hatte das Rote Kreuz 16 österreichische Hundeführer mit ihren Suchhunden aus Salzburg, Ober- und Niederösterreich aufgeboten. Bereits am ersten Tag konnten mit Hilfe der Hunde 20 Menschen lebend geborgen werden. Der Erfolg: 31 Lebendbergungen, aber wie und unter welchen Bedingungen? Ständige Nachbeben, besonders in der ersten Nacht, und am Tag 40 Grad Hitze. Es ist ein Wettlauf mit der Zeit.

Einige Rotkreuz-Suchhundetrupps sind in Derince im Einsatz, wo die Hunde und ihre Führer am Rande ihrer Leistungsgrenze arbeiten. Durch die Hitze und die Rauchschwaden einer zerstörten Raffinerie sind sie am Ende. Auch kommen immer wieder Angehörige von Vermissten und wollen, dass wir auch in den Ruinen ihrer Häuser suchen.

Der Stress beim Suchen, das Umfeld, Menschen graben mit bloßen Händen, andere rufen nach ihren Angehörigen, Frauen nach ihren verschütteten Kindern, andere wollen uns zu ihren Häusern ziehen. Mit all diesen Eindrücken muss ein jeder dann allein zurechtkommen, wobei einige Bilder und Eindrücke nicht so schnell zu vergessen sind.

Johann Katzgraber: „Den Bam-Einsatz hat unser Präsident Josef Schmoll persönlich geleitet. Besonders beim Iran-Einsatz in Bam waren es in erster Linie die Temperaturunterschiede, beim Tag heiß bis zu 40 Grad und in der Nacht kalt. Wir sind in der Nacht angekommen und sollten mit dem Bus noch acht Stunden zum Einsatzort fahren. Gott sei Dank konnte unsere Führung eine Militärmaschine auftreiben. Ein Horrorflug, ein Transportflugzeug der Armee. Keine Isolierung, nur die Blechwände und Netze zum Anhalten. Ein ohrenbetäubender Lärm von den Flugzeugmotoren, wir verwendeten Ohrstöpsel und stopften auch den Hunden die Ohren zu. Aber besser eineinhalb Stunden geflogen als acht Stunden im Bus. Vom Flugzeug ging es sofort in den Einsatz. Wir bildeten Dreier-Teams und so lief der Sucheinsatz ab:

Ein Hundeführer blieb mit zwei Hunden in der Nähe des zugewiesenen Einsatzortes, während der eine Hundeführer mit Hund und der andere Hundeführer ohne Hund zum Einsatzort abgingen. Der Führer mit Hund suchte und beobachtete genau seinen Hund, während der zweite Führer den Einsatzort und die Umgebung genau beobachtete. Hatte der Hund etwas angezeigt, wurde unter den dreien gewechselt, ohne dass das neue Team wusste, wo der Hund angezeigt hatte. Waren beide Anzeigen ident, dann wurde die Stelle für die Bergetrupps markiert, und weiter ging es zum nächsten Suchfeld. Um nach einiger Zeit zurückzukommen und nachzusuchen. Suchen konnten wir nur mit Masken, da die Lehmziegel meistens zerbröselt waren, was auch unseren Hunden schwer zu schaffen machte. Aufgrund der dortigen Bauweise – nur Lehmziegel – gab es keine Hohlräume, sodass wir nur Totbergungen hatten.

Behinderungen waren zum Teil die vielen Menschen, die nach Verwandten suchten. Aber vor den Hunden wichen sie sofort zurück, da diese in ihrer Religion ja unrein sind. Arg war natürlich, wenn sich die Hunde über den Trümmern lösten oder Wasser ließen. Wir arbeiteten ja meistens nur mit Polizeischutz, da unsere Hunde auch mit Steinen beworfen wurden. Erst wenn die Polizisten ihre MPi in Anschlag brachten, liefen diese Leute davon. Aber auch wir hatten große Probleme, immer Wassermangel, die Hitze, der Staub, und von Tag zu Tag wurde der Leichengeruch immer ärger. Endlich konnte unser Nachschubteam eine Palette Mineralwasser organisieren. Verpflegung gab von unserem Fertigmenü oder Konserven.

Bemerkenswert war bei diesem Einsatz, dass sich die Hunde viel schneller erholten als wir. Mein Hund hatte sich bereits am ersten Tag an einer Glasscherbe die Vorderhand verletzt, konnte aber trotzdem weitersuchen. Ich wechselte jeden Tag seinen Verband, sodass die Wunde schnell heilte.

Auch sah ich erstmals, dass sich mein Hund beim Fund einer Leiche hinlegte, während er einen lebenden Menschen anders anzeigte. Da kommt es dann auf jeden Hundeführer an, ob er die Sprache seines Hundes versteht. Das beste Team ist eines, bei dem der Hundeführer versteht, was sein Hund ihm anzeigt, denn sprechen kann dieser ja nicht.

Vier Tage lang haben wir täglich bis zum Abend gesucht, aber leider nur mehr Leichen gefunden, sodass der Einsatz abgebrochen werden musste, da die Hunde und wir nur mehr nach Verwesung rochen. Bedauernswert unsere Hundeführerinnen, die ja nur angefeindet wurden und bei der täglichen Hitze keinen Arm oder sonstiges Körperteil frei machen durften.

Am Samstag wurden wir mit dem Bus nach Teheran zurückgebracht. Endlich in einem Hotel Duschen und wieder normales Essen. Am Sonntag ging es dann mit dem Flieger in die Heimat zurück."

NEUNKIRCHEN

Kommandant: Jochen Hirschegger, seit 2004 beim Roten Kreuz Neunkirchen als Hundeführer, seit 2006 bis heute Kommandant der Rot-Kreuz-Suchhunde Neunkirchen, ausgebildeter Rettungshunde- und Unterordnung-Trainer, Einsatzleiter; Dienstgrad: Zugsführer; von 2010–2015 Landeskommandant der Rot-Kreuz-Suchhunde Niederösterreich.

Staffelkommandant Jochen Hirschegger

Geschichte: Die Suchhundestaffel des Roten Kreuzes Neunkirchen wurde 1997 auf Initiative des heutigen Präsidenten Josef Schmoll gegründet.

Zu Beginn des Bestehens war die Suchhundestaffel Neunkirchen Teil des Bezirksrotkreuzkommandos und wurde von den Bezirksstellen Aspang, Gloggnitz und Neunkirchen finanziert. Seit dem Jahr 2005 gehört die Suchhundestaffel Neunkirchen zu den Sondereinheiten des Landesverbandes NÖ.

Derzeit besteht die Suchhundestaffel Neunkirchen aus 15 Suchhundeteams. Darunter befinden sich sowohl national als auch international einsatzfähige Teams.

Alle Suchhundeteams des Roten Kreuzes werden nach internationaler Prüfungsordnung für Rettungshunde (IPO-R) und ÖRK-Prüfungsordnung (Flächeneinsatztest) von externen Leistungsrichtern und Beurteilern geprüft, und somit ist ein hoher Ausbildungsstand gewährleistet.

Die Ausbildung zum national einsatzfähigen Suchhundeteam (bestehend aus Hund und Hundeführer/innen) dauert mindestens 2-3 Jahre! Diese Ausbildung erfolgt rotkreuzintern durch extern geprüfte Rettungshunde- und Unterordnungs-Trainer. Die Hunde stehen im Privateigentum der jeweiligen Hundeführer und leben im Familienverband. Die Kosten für die Haltung und Versorgung der Hunde (Tierarzt, Verpflegung etc.) werden von den Hundeführern privat getragen!

Überprüfung: Die Suchhunde werden nach internationaler Prüfungsordnung für Rettungshunde (IPO-R) i.d.g.F. überprüft (Mindeststufe: Fläche-A) – zusätzlich müssen die Suchhundeteams den Flächeneinsatztest des Österreichischen Roten Kreuzes positiv absolvieren! (2 x Flächensuche ca. 40.000 m und eine Wegrandsuche ca. 2 km innerhalb 24 Stunden – durch zwei externe Beurteiler abgenommen) – nach positiver Absolvierung sind die Suchhundeteams national für die Flächensuche einsatzfähig. Diese Überprüfung muss alle zwei Jahre wiederholt (zertifiziert) werden!

Zusätzlich werden einige der Suchhundeteams für die Trümmersuche ausgebildet (Suche nach Menschen unter eingestürzten Gebäuden nach Erdbeben oder Gasexplosionen) – letzter Einsatz des Teams war im Dezember 2003 im Iran!

Um sich für den Trümmer- bzw. Auslandseinsatz zu qualifizieren, müssen die Suchhundeteams die Prüfung nach IPO-R Stufe Trümmer-B sowie den international anerkannten Mission-Readiness-Test nach Insarag-Guidelines positiv absolvieren (9 Suchen auf unterschiedlichen Trümmer-Schadstellen innerhalb 36 Stunden plus technische Stationen: Abseilen mit Hund, Erste Hilfe Hund, Überprüfung des theoretischen Wissens, den Auslandseinsatz betreffend) – diese Prüfung muss alle 3 Jahre zertifiziert werden!

Die Suchhundeteams werden im Suchhunde-Ausbildungszentrum in Neunkirchen ausgebildet.

Folgende Hunderassen werden aktuell zu Suchhunden ausgebildet: Belgische Schäferhunde, Deutsche Schäferhunde, Holländische Schäferhunde, Australian Shepherd, Border Collies, Weimaraner, Flat Coated Retriever, Mischlinge.

Geführte Hunde: Weißer Schweizer Schäferhund „Spirit" – Prüfungen nach IPO-R Fläche-B, Trümmer-B, Mission-Readiness-Test, einsatzfähig Flächensuche national und Trümmersuche international; Altdeutscher Schäferhund „Leeland" – Prüfungen nach IPO-R Fläche-B, Trümmer-B, einsatzfähig Flächensuche national, Belgischer Schäferhund „Pax" – in Ausbildung

Einsätze: Bisher konnten Erfolge bei unzähligen nationalen und folgenden internationalen Einsätzen, wie Erdbeben in der Türkei (August 1999 und November 1999), in Algerien (Mai 2003) und im Iran (Dezember 2003), erzielt werden.

Im Jahr: ca. 15-35 Einsatzalarmierungen – Alarmierung durch Einsatzorganisationen (Polizei, Feuerwehr) bzw. Privatpersonen – die Einsätze sind kostenlos!

365 Tage im Jahr 24 Stunden täglich einsatzbereit!

Suchhundestaffel Neunkirchen

Li.: Übung mit Trümmerhunden

Re.: Suchhundeübung im Gelände

Erfahrungsbericht Rot-Kreuz-Suchhunde im Auslandseinsatz Iran, 26. 12.–30. 12. 2003 Eindrücke zweier junger Hundeführerinnen – **Mag. Susanna Pachler, Sabine Schmoll**: „Zwei Tage nach Weihnachten kam die Alarmierung zum Einsatz im Iran (Stadt Bam) nach einem schweren Erdbeben. Wir hatten damals nicht sehr viel Erfahrung – unsere Hunde waren jung, hatten aber die erforderlichen Prüfungen inklusive der Auslandseinsatzüberprüfung für Suchhunde-Teams bestanden. Und nun war es also wirklich so weit – der erste Realeinsatz!

Mit gemischten Gefühlen bestiegen wir am späten Nachmittag des 26. 12. 2003 die Maschine mit 15 weiteren Hundeführern des Österreichischen Roten Kreuzes, die uns nach Keman, dem Flughafen im Iran, bringen sollte.

Die Belehrung, dass wir uns als Frauen nur verhüllt – das heißt: lange Bein- und Armbekleidung sowie Kopftuch – vor Ort bewegen dürften, verunsicherte uns schon sehr, wir waren ja zur Hilfe angefordert worden – aber gut: andere Länder, andere Sitten und Religionen.

Nach der Landung wurden wir alle 17 samt unserem Gepäck, Verpflegung und Hunden in den Bauch einer Hercules-Maschine verfrachtet, da die Straßen bis Bam zerstört waren.

Samt unseren Hunden saßen wir nun in Gepäcksnetzen zwischen Wasserkanistern und Kisten mit Verpflegung, Zelten und anderen Utensilien.

Nach einer guten halben Stunde landeten wir wohlbehalten in Bam. Mit einem Bus wurden wir nun das letzte Stück zum Lagerplatz gekarrt. Dort mitten in der Nacht angekommen, wurde ich dazu abkommandiert, das Gepäck zu bewachen, während sich die anderen um den Aufbau der Infrastruktur kümmerten. Nun stand ich da – mit meinem Hund und einem Berg an Rucksäcken mitten in der Nacht allein auf weiter Flur – ein blödes Gefühl. Nach einer Zeit kamen endlich die anderen zurück und wir konnten unseren Schlafplatz beziehen. Doch dann tat sich erneut ein Problem auf: Wo würdest du als Frau zur Toilette gehen – ein banales, aber schier unlösbar großes Problem. Wir beschlossen, uns, geschützt durch unsere männlichen Mitglieder, im Dunkeln in die Büsche zu schlagen, und es stellte sich heraus, dass unsere Bewacher gute Dienste leisteten. Denn kaum waren wir ein Stückchen weg vom Zelt, begegneten uns fünf sehr dunkle Gestalten – und das in diesem Land.

Am nächsten Morgen – nach der Besprechung – rückten wir in Dreierteams aus und sahen das ganze Ausmaß der Katastrophe. Überall Trümmer, Leichen, die bereits geborgen waren, verzweifelte Angehörige, die nach ihren Liebsten suchten und ihre verbliebenen Habseligkeiten zusammenrafften.

Wir leisteten mit unseren Hunden drei Tage Arbeit nach bestem Wissen und Gewissen – immer wieder von Nachbeben gebeutelt und trotz aller Anfeindungen, weil wir Frauen waren.

Ja – auch in solchen Situationen hat die Religion in manchen Ländern einen sehr hohen Stellenwert.

Unsere täglichen Eindrücke verarbeiteten wir abends in langen Gesprächen.

Am 30. 12. 2003 war dann schließlich der Tag des Heimfluges.

Mit dem Bus fuhren wir Richtung Flughafen – nicht wissend, ob eine Maschine die zerstörte Region anfliegen könnte – doch nach langen Stunden des Wartens landete endlich ein Flugzeug.

Dieses wurde bis zum Rand mit Helfern, Hunden und Equipment vollgepackt, weil niemand wusste, wann die nächste Maschine kommen würde.

Endlich traten wir am späten Nachmittag die Heimreise an und landeten am frühen Abend des 30. 12. 2003 wohlbehalten in Wien.

Die Eindrücke dieses schweren Erdbebens blieben uns noch lange im Gedächtnis – doch bis heute sind wir der Meinung, dass die freiwillige und ehrenamtliche Arbeit mit unseren Hunden eine sehr lohnende ist, um Menschen in Not helfen zu können."

Nachfolgend einige Bilder vom Erdbebeneinsatz im Iran, 2003

Abflug mit der AUA von Schwechat

Flug in den Iran – auch die Hunde fliegen Klasse

Mi. re.: Erste Instruktionen an Bord durch Alois Russegger an Karin Pilsl

Ankunft / Entladung

Errichten des Lagers / Hilfsgüter werden sortiert

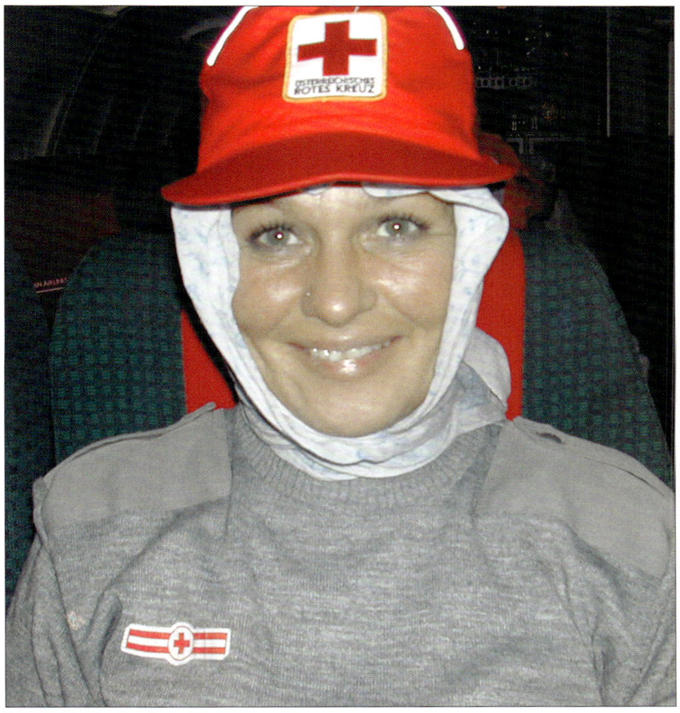

Karin Hofer (li.) und Karin Pilsl (landesüblich „verhüllt“ ...)

Das Lager ist bezogen

Warten auf den Einsatz

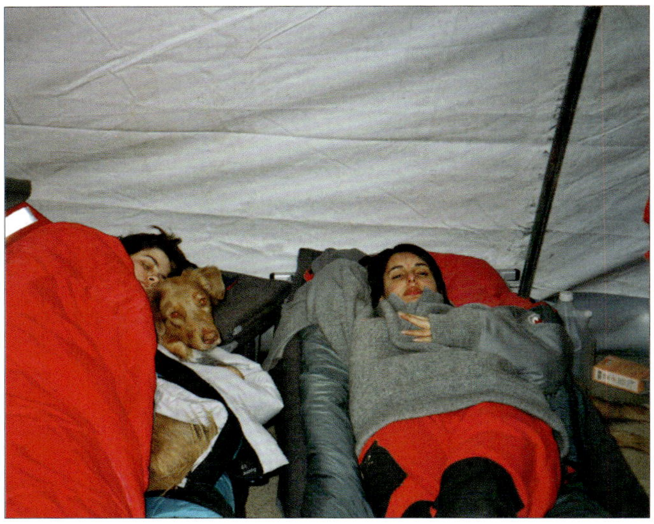

Re.: Besprechung – Präsident Schmoll mit einem Einsatzleiter

Dem Einsatz steht nichts mehr im Wege

Los geht´s

Absitzen!

Erinnerungsfotos – die Frauen mussten Kopftücher tragen.

Die Koordination des internationalen Einsatzes brachte immer wieder längere Wartezeiten mit sich

Pausen werden zum Esssen und für Besprechungen genutzt

Oben: Internationale Helferteams. Zu erkennen sind die Flaggen von der Slowakei, der Türkei und von Südkorea

Rechts und nächste zwei Seiten: Im Einsatz. Die hohe Professionalität der Österreicher erregt auch bei der Presse Aufsehen

Die Hunde werden zu Lebensrettern!

Wo die Hunde fündig werden, beginnen die Einheimischen zu graben – obwohl Hunde im Islam verachtet werden, ist die Dankbarkeit für die Hilfe groß

Bei den Häusern in Lehmbauweise hat das Erdbeben maximale Schäden angerichtet

Trümmerlandschaft – nur wenige Gebäude sind vom Weltkulturerbe Bam erhalten geblieben; auch die Lehmburg im Hintergrund erlitt Schäden

Notunterkünfte für die Erdbebenopfer

Furchtbare Bilanz der Naturkatastrophe am 26. 12. 2003: Bam hatte vor dem Erdbeben 97.000 Einwohner. Von diesen kamen offiziell 26.271 ums Leben und 30.000 wurden verletzt – in der Umgebuung wurden Massengräber für die Toten angelegt

O. li.: Dank des Iranischen Präsidenten Chatami auch an das Österreichische Rote Kreuz

O. re.: Der Präsident: „Danke für Euren Einsatz – auf geht's zurück in die Heimat"

Müde und erschöpft aber gesund mit der AUA zurück nach Wien

Die Iran-Einsatzbilder stammen von Gerald Czech, Karl Prinz, Reza Mousori und Asli Reza Yazdin

POYSDORF
Kommandant Gerhard Krauss, sein Eintritt im März 2015 ist auch gleichzeitig das Datum der Staffelgründung RK-Suchhunde Poysdorf

Geschichte: Im Jahre 1999 wurde auf Initiative von Gerhard Krauss im Raum Poysdorf mit der Suchhundearbeit begonnen. Nach einer zweijährigen Tätigkeit als Bundesausbildungsreferent beim SVÖ und einer fünfjährigen Amtszeit als Verantwortlicher einer Rettungshundeorganisation des Initiators sowie vielen IRO-Rettungshundeprüfungen im In- und Ausland begann sich die Gruppe 2010 auf das eigentliche Ziel ihrer Arbeit – den Einsatz – zu konzentrieren.

Seit 2015 mit den Suchhunden Mitglied des Roten Kreuzes, Bezirksstelle Mistelbach/Ortsstelle Poysdorf.

2015 hat Gerhard Krauss die Ausbildung zum Rettungssanitäter in Mistelbach gemacht und verrichtete zu den Suchhundeeinsätzen auch noch viele freiwillige ehrenamtliche Stunden im Rettungsauto der RK-Ortstelle Poysdorf.

Seine Liebe zu den Hunden hat sein Großvater geweckt, er hatte schon Schäferhunde, mit denen er aufgewachsen ist, diese Rasse ließ ihn nie los und begleitet ihn bis heute.

Rettungshunde-Einsätze hat er insgesamt 215 für verschiedene Organisationen absolviert.

Staffel-
kommandant
Gerhard Kraus

Die Staffel zählt 14 ausgebildete Hundeführer und hat im Raum Niederösterreich 36 Sucheinsätze vorzuweisen.

Die Hunde werden nach der internationalen Prüfungsordnung geprüft und kommen erst nach einem zweitägigen Einsatztest, bei dem Hund und Hundeführer auf ihre Einsatztauglichkeit geprüft werden, zum Einsatz. Somit ist ein hoher Ausbildungsstand gewährleistet.

Die Hundeführer und Hundeführerinnen arbeiten ehrenamtlich und sind rund um die Uhr für Menschen in Not einsatzbereit.

Einsätze: Vermisstensuche nach einer weiblichen (geistig behinderten) Person im Wechselgebiet. Dies war eine zweitägige Suchaktion, in die in Summe circa 200 Personen involviert waren. Suchhunde, Höhlenforscher, Taucher, Bergwacht, Feuerwehren, Hubschrauber und Exekutive. Es wurde davon ausgegangen, dass sich die gesuchte Person bergab bewegte … war aber nicht so, am zweiten Tag der Suche – es wurde auch in der ganzen Nacht gesucht – fand eine Gruppe die vermisste Person nass, unterkühlt, aber lebend an einem viel höher gelegenen und weit entfernten Punkt von dem zuletzt gesehenen. Es war für alle Beteiligten ein tolles Glücksgefühl, nach den sehr anstrengenden Stunden ein junges Leben gerettet zu haben und von den Angehörigen ein herzliches Dankeschön zu erhalten.

Es gibt aber natürlich auch nicht so schöne, sondern eher unangenehme Einsätze. Zum Beispiel in den kalten Wintermonaten, wo es um jede Minute geht. Hier meine ich die Suche nach demenzkranken Personen. Und dann natürlich die Einsätze bei angesagtem Suizid, da begleitet jeden Hundeführer und Helfer der Gedanke: „Was ist, wenn ich ihn finde?“ Auch hatten wir schon Einsätze ohne irgendein Ergebnis: Der/die Vermisste bleibt spurlos verschwunden (ist jetzt circa einen Monat her), nach zweitägiger intensiver Suche wurde die demenzkranke Person nicht gefunden und ist bis zum heutigen Tag nicht aufgetaucht. Da fragt man sich natürlich und macht sich darüber Gedanken: „Wie kann das in unserer digitalisierten und überwachten Zeit sein?“ Am schlimmsten ist es natürlich für die Angehörigen. Trotz der angeführten negativen Erlebnisse überwiegt das Positive … und natürlich die wirklich tolle und abwechslungsreiche Arbeit mit unseren Hunden, mit deren Hilfe, sei es im Auslandseinsatz (Erdbeben) oder im Inland, wir rund um die Uhr einsatzbereit sind, um anderen zu helfen.

Suchhunde-
staffel Poysdorf

Winterübung mit Suchstaffel

PURKERSDORF-GABLITZ
Kommandant: Franz Stidl (Stellvertreter: Andreas Pawlicek)

Geschichte: Seit 17 Jahren ist die Suchhundestaffel des Roten Kreuzes Purkersdorf-Gablitz, die im Jahr 2000 auf Initiative von Dr. Serge Weinmann gegründet und von Martina Hlous und Regina Mayerhofer geführt wurde, zur Rettung von vermissten Personen im Einsatz.

Das Training wird zwei Mal wöchentlich unter der Anleitung der ÖKV-geprüften Rettungshundetrainerin und tierschutzqualifizierten Hundetrainerin Eleonora Stidl abgehalten.

Der Teilbereich Unterordnung und Gewandtheit wird am Hundeplatz in Mannswörth trainiert, und für die Suchtrainings werden mehrere Trainingsgebiete in Niederösterreich genutzt. So werden Gewöhnung, Routine und Wiederholungen der Teams an einer Trainingsstelle vermieden.

Im Durchschnitt werden bis zu 50 Trainingsstunden im Monat geleistet, um den hohen Ausbildungsstand der Hunde und Hundeführer/innen aufrechtzuerhalten und stets für den nächsten Suchhundeeinsatz bereit zu sein.

Alle Hunde werden nach internationaler Prüfungsordnung geprüft, damit ein gleichbleibend hoher Ausbildungsstandard gewährleistet ist. Die Hundeführer/innen arbeiten ehrenamtlich und sind für Sie in Notfällen rund um die Uhr kostenlos einsatzbereit.

Aus- und Fortbildung: Die Aus- und Fortbildung der Gruppe dient dazu, die Stärken der einzelnen Personen der Gruppe für die jeweiligen Aufgaben zu fördern und sie entsprechend ihren Talenten richtig einzusetzen (Presse, Marketing, Einsatzleitung, Mobilität als sichere Einsatzfahrer, Orientierung, Taktik und technisches Equipment, ...).

Die eigene Fortbildung erfolgt in Form von Führungskräfteausbildungen, damit man das Team allgemein besser fördern, unterstützen und leiten kann.

Das Budget der Einheit ist sinnvoll und im richtigen Verhältnis aufzuteilen (Ausbildung, Schutzausrüstung, technisches Equipment, Transport, Werbung ...).

Planung und Aktivitäten: Das Organisieren und Planen von Öffentlichkeitsarbeit, Trainingsgebieten, Prüfungen, Fortbildungen, Kommandantenmeetings, Budgetplanung, Teamsitzungen, Mitarbeitergesprächen …

Organisationen: Das Organisieren von Schutzausrüstungen, Bekleidung, Transport, Spendengeldern ….

Marketing und Presse: „Damit wir für unsere Mitmenschen sehr transparent bleiben, sind aktuelle Berichte, Fortschritte und Ziele wichtig, damit wir nicht in Vergessenheit geraten und im Ernstfall rasch helfen können."

Das ist nur ein kleiner Auszug des Arbeitsbereiches eines Staffelkommandanten, und es lässt sich dennoch sehr schnell nachvollziehen, dass eine Person im Freiwilligenbereich, neben ihrem Beruf, diese Aufgaben nur bewältigen kann, wenn sie ein sehr starkes Team hinter sich hat, aus welchem er/sie für einzelne Leistungsbereiche sogenannte Bereichsverantwortliche einsetzen kann, welche ihren Job tadellos beherrschen.

20 Hundeführer, 11 Helfer: Trainer: Hauptverantwortliche Eleonora Stidl, Zusatztrainerinnen Carina Jauschnik, Cornelia Motycka

Einsatzfähige Suchhundeteams:
- Franz Stidl mit Sunny (Labrador)
- Andreas Pawlicek mit Aron (Labrador-Mix)
- Eleonora Stidl mit Fly (Border Collie)
- Carina Jauschnik mit Akiro (weißer Schweizer Schäfer)
- Ulrike Panzenböck mit Clooney (Labrador)
- Stefan Brada mit Bungee (Border Collie)
- Lisa Sommerfeld mit Boo (Labrador/Herder-Mix)

Zusammenarbeit der Staffel mit dem Deutschen Roten Kreuz: Seit 2011 existiert die Zusammenarbeit mit DRK Wuppertal – dient zum Erfahrungsaustausch zwischen den Staffeln, jedes Jahr wird abgewechselt, einmal kommt das DRK nach Österreich, und dann wieder fährt die Staffel Purkersdorf-Gablitz nach Deutschland, Näheres in den beiliegenden Berichten.

Ausbildung der Hundeführer: Einsatzfähigkeitstest (durch externe Prüfer), Erste-Hilfe-Kurs (16 h), Kartenkunde, Kompass, GPS (8 h), Funkschulung (8 h), Lerntheorie 2 Module (16 h), Recht (4 h), Taktik & Thermik (8 h), Seiltechnik (8 h)

Ausbildung der Helfer: Kartenkunde, Kompass, GPS (8 h), Funkschulung (8 h), Erste-Hilfe-Kurs (16 h), Taktik & Thermik (8 h)

Ausbildung der Einsatzleiter: Kartenkunde, Kompass, GPS (8 h), Kartenprogramm-schulung (8 h), Funkschulung (16 h), Erste-Hilfe-Kurs (16 h), Einsatzerfahrung, Einsatztaktik (8 h), Einsatzführung (8 h), Führungskräfteausbildung Ebene 1, Schulung Notruf 144, Lerntheorie 2 Module (16 h), Recht (4 h), Taktik & Thermik (8 h)

Erfolgsbericht einer Hundeführerin – Auffindung einer abgängigen Person: „Es war 24:00 Uhr, als uns das Läuten des Pagers aus dem Schlaf riss. Ein Notfall: Die Rotkreuz-Suchhunde wurden angefordert, eine Person sei vermisst.

Meine Hündin Luna sieht mich mit verschlafenem Blick an. ‚Auf geht's', sag ich zu ihr, ‚wir werden gebraucht!'.

Um halb zwei waren wir dann vor Ort. Nach einer kurzen Lagebesprechung mit der Einsatzleitung begannen wir sofort mit der Suche nach der vermissten Person. Es war nass und kühl, das Gelände war steil und noch sehr rutschig. Das letzte Hochwasser war noch nicht lange her. Um 3:30 Uhr hörte ich Luna plötzlich aus der Ferne bellen. Man konnte hören, dass sie einen Menschen gefunden hatte. Wir liefen sofort zu ihr und tatsächlich: An den Baum gelehnt saß die vermisste Frau. Neben ihr bellte Luna – so, wie sie es gelernt hatte.

Luna, eine Border-Collie-Hündin, ist 9 Jahre alt und begann bereits im Alter von acht Wochen mit der Ausbildung zur Suchhündin beim Roten Kreuz. Bisher hat sie viele Prüfungen mit Bravour bestanden. Viele Sucheinsätze ist sie schon mitgelaufen. Immer einsatzbereit, 365 Tage im Jahr, 24 Stunden am Tag.

15 Stunden pro Woche wird trainiert, rund 800 Stunden im Jahr investiert, um vermisste Personen zu suchen und zu finden. Das alles ehrenamtlich und aus Liebe zum Menschen und Tier."

TULLN

Kommandant: Joachim Gaber (Stellvertreter: Manfred Lechner), seit März 2010 beim Roten Kreuz Tulln im Rettungs- und Krankentransport-Dienst. Führungskräfte Ebene 1: Bezirkskommando Tulln, Bereichskommando Mostviertel sowie für Großschäden und Katastrophen.

Seit Jänner 2016 Kommandant der Suchhundestaffel Tulln, hatte bis 2011 einen Neufundländer.

Staffel-kommandant Joachim Gaber

Geschichte: Im Frühjahr 2015 wurde durch den Landeskommandanten der Sondereinheiten Suchhunde und den damaligen Bezirkskommandanten Michael Weissmann, den stellvertretenden Bezirksstellenleiter Peter Raderer sowie viele andere Mitwirkende nach mehreren Gesprächen der Grundstein für die Suchhundestaffel in der Bezirksstelle Tulln gelegt. Nach positivem Abschluss der organisatorischen Erfordernisse wurde die Suchhundestaffel mit Juni 2015 zum Leben erweckt.

Bei der Gründung bestand die Staffel aus neun Mitgliedern, welche bereits bei einer anderen Rettungshundeorganisation reichlich Erfahrung sammeln durften. Mittlerweile ist die Staffel, welche unter der organisatorischen Leitung von Joachim Gaber geführt wird, auf insgesamt 13 Mitarbeiter angewachsen. Davon gibt es zurzeit ein einsatzfähiges Suchteam sowie 10 Suchteams in Ausbildung, welche durch ständiges Training (2–3 x pro Woche) an ihrer Ausbildung zur Einsatzfähigkeit arbeiten.

Suchhunde-staffel Tulln

ST. AEGYD/NEUWALDE

Kommandant: Uwe Feldkirchner, der auch Gründer der Staffel ist.

Geschichte: Die Suchhundestaffel St. Aegyd wurde im Februar 2010 gegründet und galt damals als jüngste Staffel des Landesverbandes Niederösterreich des Österreichischen Roten Kreuzes. Wurden damals von der Staffel Neunkirchen unterstützt.

Die damals neue Rotkreuz-Hundestaffel in St. Aegyd umfasste insgesamt acht Mitglieder, vier davon Suchhundeteams mit ihren vier Helfern. Zurzeit sechs Suchhundeteams und vier Helfer. Rund zwei bis drei Jahre dauert die Ausbildung eines jungen Hundes. Training zweimal in der Woche. Da waldreichste Gemeinde in Niederösterreich, für die Flächensuche reichlich Gelände zum Üben zur Verfügung. Für Unterordnung und Gewandtheit steht der Hundeplatz in St. Aegyd zur Verfügung. Für Flächensuche Wald in St. Aegyd, Hainfeld und Lilienfeld. Trümmersuche-Training in Abrisshäusern im Raum Wiener Neustadt und Neunkirchen. Die Hunde werden nach internationaler Prüfungsordnung geprüft, und somit ist ein hoher Ausbildungsstand gewährleistet.

Staffel-kommandant Uwe Feldkirchner

Li.: Suchhunde der Staffel St. Aegyd/Neuwald

Re.: Lawinenabsuche mit Suchhunden

HAAG
Kommandant: Daniel Kölbl

Geschichte: Die Suchhunde-Staffel Haag des Rotkreuz-Landesverbandes Niederösterreich wurde Anfang 2009 gegründet.

„Wir sind stolz darauf, auch unsere Helfer im Team vorstellen zu dürfen. Sie greifen uns unter die Arme, wo sie nur können, egal ob in Trainings- oder Prüfungssituationen. Die Erweiterung der „Einsatz-Teams" ist unser oberstes Ziel, jedoch der Spaß und die Motivation an der Arbeit stehen bei uns an vorderster Stelle.

Wir trainieren zwei- bis dreimal pro Woche. Fixtermine sind für uns das Training am Donnerstag und das Training am Sonntag. Jeden Donnerstag wird an der Unterordnung und Gewandtheit am Hundeplatz in Perg gefeilt, und sonntags wird die eigentliche Sucharbeit, die sogenannte Nasenarbeit, unserer Hunde gefördert. Um unseren Hunden Abwechslung bieten zu können, sind wir immer auf der Suche nach neuen Wäldern, Abrisshäusern. Momentan trainieren wir die Flächensuche am Gelände des Mostviertelklinikums Mauer (NÖ, Bezirk Amstetten)."

WEITRA
Kommandantin: Margit Becker

Geschichte: „Die Suchhunde-Staffel des Roten Kreuzes, Landesverband Niederösterreich, Bezirksstelle Weitra wurde am 1. Oktober 2012 ins Leben gerufen und hat zurzeit neun aktive Suchhunde-Teams. Acht Teams befinden sich derzeit in Ausbildung, und ein Team ist bereits im wohlverdienten Ruhestand. In unserem Team werden wir von vier engagierten Helferinnen und Helfern unterstützt, die uns in jeder Lage tatkräftigst unter die Arme greifen, sei es in Prüfungs- oder Trainingssituationen, bei der Wartung des Trainingsplatzes oder der Trainingsgeräte. Unser oberstes Ziel ist es, geprüfte Teams und Helfer für den Einsatz bereitstellen zu können. Bei uns stehen der Spaß und die Motivation zur Arbeit an vorderster Stelle. Wir trainieren zwei- bis dreimal pro Woche. Das Training mit unseren Hunden beinhaltet Unterordnung und Gewandtheit sowie die sogenannte Nasenarbeit und Suche. Unser Trainingsplatz befindet sich in Zwiemannsbusch, und unser Waldtraining absolvieren wir in Roßbruck und in St. Wolfgang. Um uns mit unseren Hunden zu perfektionieren, trainieren wir regelmäßig gemeinsam mit Manuela Nemeth, einer Tierschutzqualifizierten Hundetrainerin."

SALZBURG
(Kommandant: BK Dr. Leopold Slotta-Bachmayr)

Geschichte: Die Suchhundestaffel des Roten Kreuzes in Salzburg wurde 1969 gegründet. Traditionellerweise unterstehen die Suchhunde als Sondereinheit direkt dem Landesrettungskommando und es gab immer nur eine Staffel. Sie besteht derzeit aus 30 Mitgliedern (1 Tierärztin, 1 Ausbildungsarzt, 1 Nichthundeführer, 1 Hundeführerin ohne Hund, 7 Junghundeführer/innen, 19 Einsatzhundeführer/innen) – 13 Frauen, 17 Männer.

Neben vielen Einsätzen im Inland waren die Suchhunde im Einsatz beim Erdbeben in Armenien 1988, in der Türkei im August 1999 und im November 1999, in Algerien 2003, im Iran 2003 sowie beim Eishalleneinsturz in Bad Reichenhall 2006.

Die Suchhunde sind auch Teil eines internationalen HUSAR-Moduls, das 2013 gegründet wurde und das das Rote Kreuz nach den Vorgaben der INSARAG gemeinsam mit dem Landesfeuerwehrverband Salzburg betreibt.

Landesleiter Dr. Slotta-Bachmayr

Einsätze: Bei Sucheinsätzen am 30. und 31. Mai am Untersberg und in Leogang leider mit traurigem Ausgang. Ein 47-jähriger Oberösterreicher war am 30. Mai zu einer Wanderung am Untersberg aufgebrochen. Nach einem Absturz in unwegsamem Gelände abseits der Hauptwege konnte er zwar selbstständig einen Notruf absetzen, seinen genauen Standort aber nicht angeben. Danach brach die Verbindung ab. Ein Großaufgebot an Einsatzkräften suchte bis spät in die Nacht nach dem Vermissten. Am Morgen des nächsten Tages wurde die Suche wieder aufgenommen. Gegen 14 Uhr konnte der Vermisste unweit des Grödiger Törls leider nur mehr tot aufgefunden werden.

Auch in Leogang nahm ein zweitägiger Sucheinsatz nach einem vermissten 28-jährigen Tiroler ein trauriges Ende. Der Leichnam des abgestürzten Bergsteigers wurde am Einstieg zum Klettersteig auf das Fahnenköpfl per Handyortung gefunden. Ursprünglich hatte der junge Mann seine Angehörigen über eine geplante Tour auf das Birnhorn informiert, er dürfte seine Pläne aber kurzfristig geändert haben. Als er am Abend nicht zurückkehrte, alarmierte seine Schwester die Rettungskräfte. Nach den beiden Todesfällen appellieren die Einsatzkräfte an Wanderer und Bergsteiger: „Immer zu Hause, bei Quartiergebern oder Freunden mitteilen, wohin

Lawinensuchhundekurs im Salzburgerland

man genau geht und wann man zurück sein will", sagt Ernst Schörghofer, Ortsstellenleiter der Bergrettung Grödig.

Schnelle Entwarnung gab es bei einem Sucheinsatz nach einer jungen Urlauberin am 17. Mai. Das Mädchen hatte beim Ausstieg aus der Untersberg-Seilbahn seine Eltern aus den Augen verloren und war in den falschen Bus eingestiegen. Sie wurde wohlbehalten in der Stadt Salzburg aufgefunden, der Einsatz wurde abgebrochen.

Li.: Einsatzbesprechung

Re.: Hunde finden Gegenstand

Li.: Abmarsch zum Einsatz auf den Berg

Die Hunde haben den Verschütteten gefunden

III. Lawinensuchhunde des Österreichischen Bergrettungsdienstes

Nachweislich fand 1935 der 1. Lawinensuchhundeeinsatz in Österreich im Bundesland Tirol statt. Nach einem Lawinenabgang befürchtete man, dass ein Bauer von einer Lawine verschüttet worden sei. Daraufhin durchsuchte ein Jäger mit seinem besonders abgerichteten Hund die Lawine und dieser fand tatsächlich den Verschütteten. Das war der Beginn der Lawinensuchhundearbeit in Österreich.

Nachfolgend ausgewählte **Lawinensuchhunde-Einsätze:**

Wengerau – Elmaualm – Tennengebirge Am 31. Jänner 1982, an einem Sonntagvormittag gegen 11.00 Uhr, stieg eine achtzehnköpfige Gruppe unter Führung des geprüften Bergführers Hermann Thumm aus Immenstadt im Allgäu und die beiden Lehrer Sybille Klemann und Ulrich Schulze mit 15 Lehrlingen aus Deutschland zu einer Tourenwanderung auf die Elmaualm auf.

Nach einem zirka eineinhalbstündigen Marsch im dichten Schneetreiben ließ der Bergführer haltmachen. Zu diesem Zeitpunkt befanden sie sich gerade im Gebiet des von den Einheimischen gemiedenen und unwegsamen Lawinenloches des 2.300 Meter hohen Hochthron. Bergführer Thumm machte sich auf den Weg, um die Route zu suchen, kam dann aber bald zurück und erklärte, dass man hier nicht weiterkommen werde und daher umdrehen müsse. Gerade als sich die Gruppe auf den Rückweg begab und einen Hang gemeinsam querte, wieder ein großer Fehler (den Hang hätten die Schüler einzeln queren müssen) löste sich am Gegenhang eine gigantische Lawine und donnerte mit einer solchen Wucht zu Tal, dass auch die noch gegenüber befindliche Gruppe erfasst wurde. Die Lawine hatte sich unterhalb des Hochthron gelöst und die Gruppe 200 m tiefer in eine Talsenke mitgerissen, wo Schüler und Begleiter auf 120 m Länge und bis zu 7 m tief verschüttet lagen.

Stefan Bleilinger aus Glonn gelang es, sich mit eigener Kraft aus der Lawine zu befreien. Er stolperte und taumelte den Weg zurück zur Gansblickhütte. Nach einer Stunde kam er dort schwer geschockt, aber nur leicht verletzt an.

Jetzt ging alles blitzartig, der Wirt Otto Krahbichler verständigte sofort Bergrettung und Alpingendarmen.

Anruf am 31. Jänner 1982 um 15.14 Uhr bei der Lawinensuchhundestaffel: Im Bereich der Wengerau ist eine Schülergruppe unter eine Lawine gekommen. Mit Rückruf bei der Gendarmerie wurde das bestätigt. Ein Bursch konnte sich selbst befreien und Hilfe holen. Abfahrt mit Hundeführer zum Einsatzort. Ankunft bei der Lawine um 16.30 Uhr.

Unter Führung des Alpinreferenten der Salzburger Gendarmerie Oberstleutnant Hörmann wurden bis zu 200 Männer und 37 Lawinensuchhunde eingesetzt. Für diese Einsatzkräfte bestand während des gesamten Einsatzes akute Lawinen- und Lebensgefahr. Immer wieder gingen kleinere Lawinen ab. Für den Fall, dass eine Nachlawine die Rettungsmannschaft verschüttete, hielt Oberstleutnant Hörmann 90 Mann in unmittelbarer Bereitschaft.

Den Lawinensuchhundeeinsatz leitete Hans Basetti von der Bergrettung, der selbst mit seinem treuen Kero die erste lebende Schülerin und daran anschließend noch zwei tote Schüler fand.

Sofort nach Bekanntwerden der Katastrophe war Großalarm gegeben worden. Das Rote Kreuz hatte im Gasthaus Gamsblick eine Intensivstation eingerichtet, in der Ärzte und Rot-Kreuz-Helfer einen verzweifelten Kampf um das Leben der Opfer führten. Obwohl sie noch lebend geborgen wurden, starben dort noch der Bergführer T. und ein 17-jähriger Bursch, einige Opfer konnten erst in 7 m Tiefe gefunden werden.

Dieses Unternehmen war tödlicher Leichtsinn. Obwohl bereits alle Lifte gesperrt waren, überall Lawinen ins Tal donnerten und auch die einheimische Bevölkerung warnte, wurde diese Tour durchgeführt, die leider 13 Menschen das Leben kostete.

Lebendbergungen:

17.15 Uhr – 1 Person durch Lawinensuchhund Kero, Führer Basetti

17.30 Uhr – 1 Person durch Lawinensuchhund Dino, Führer Hanisch

19.38 Uhr – 1 Person durch Lawinensuchhund Flora, Führer Lackner

20.07 Uhr – 1 Person durch Lawinensuchhund Barko, Führer Lechner

Totbergungen:
2 Schüler Basetti mit Kero, 1 Schüler Brandstätter, 1 Schüler Mayerhofer, 1 Schüler Gruber, 1 Schüler Reichholf

Die Finder der weiteren Toten sind namentlich nicht bekannt. Ende des Einsatzes wegen akuter Lawinengefahr um 23.30 Uhr.

1. Februar 1982 Einsatzbeginn um 07.30 Uhr. Kurz vor Mittag wurde das letzte Opfer tot geborgen. Das Lawinenunglück forderte 13 Tote.

Eingesetzt waren am 1. Tag 29 Mann und am 2. Tag 10 Mann des Bergrettungsdienstes Salzburg. Ende des Gesamteinsatzes.

So liest sich der nüchterne Einsatzbericht des Lawinensuchhunde-Referenten. Doch wie viele Menschen haben für diesen Einsatz ihr Leben aufs Spiel gesetzt, denn während der gesamten Einsatzdauer herrschte akute Lawinengefahr! Wie konnte es zu so einer Katastrophe kommen?

Es war ein Kurs der Kurzschule Berchtesgaden, in der meist rund 80 Schüler untergebracht sind, wo sie von Sport- und Sozialpädagogen betreut werden. Diese Lehrgänge in der Natur und mit der Natur haben vor allem persönlichkeitsbildenden Charakter.

Ziel dieser Schule ist eine Art Erlebnis- und Bewährungstraining, bei dem Hilfs- und Verantwortungsbereitschaft gefordert und praktiziert werden.

9. 12.1988 Einsatz nach Erdbeben in Armenien Am Freitag, dem 9. Dezember 1988, ersuchte das österreichische Außenministerium die Bundesleitung des Österreichischen Bergrettungsdienstes um Aufstellung eines Suchhundeteams für einen Einsatz im Erdbebengebiet in Armenien.

Für den Einsatz wurden 10 Lawinenhundeführer des ÖBRD aus Tirol ausgewählt. Unter ihnen befanden sich auch die beiden Gendarmeriediensthundeführer RevInsp. Heinz H und RevInsp. Georg R. Während des Einsatzes wurde ihnen vom Dienstgeber ein Sonderurlaub zugesichert.

Die Verständigung vom Einsatz erfolgte am Abend des 9. 12. 1988, und am 10. 12. 1988 um 06.30 Uhr war bereits der Abflug vom Flughafen Innsbruck vorgesehen. Die Tyrolean Air Ambulance startete pünktlich zum Flug nach Wien. In der Wilhelmskaserne wurden wir noch alle geimpft.

Am Abend des 10. 12. 1988 flogen wir dann mit einer Maschine der AUA gemeinsam mit dem Österreichischen Bundesheer nach Armenien und landeten gegen 01.00 Uhr OEZ am Flughafen in Eriwan.

11. 12 1988 01.00 Uhr OEZ. „Am Flughafen fing das Chaos dann richtig an. Der Flughafen war den Anforderungen nicht gewachsen. Am Rand des Flugfeldes wurden die Ausrüstung und die Bergegeräte in LKWs verladen. Nach einer Wartezeit von eineinhalb Stunden, in einem für Nichtraucher unaushaltbaren Gestank, fuhren wir mit Bussen (soweit man dies als Busse bezeichnen kann) vom Flugfeld in die Nacht hinein. Fahren ist gut gesagt, 100 Meter Fahrt, eine halbe Stunde stehen, wieder hundert Meter, dann ist wieder Halt. Es kamen uns dabei Flugzeuge entgegen, deren Tragflächen knapp über unsere Köpfe hinwegflogen. Als wir dann endlich die Hauptstraße erreicht hatten, ging es flott weiter. Fast zu schnell, denn der Lenker fuhr mit dem Bus wie ein Henker, uns standen die Haare zu Berge.

Am Rande der Straße sahen wir ausgebrannte Fahrzeuge und Fahrzeuge, in denen Leute saßen und den nächsten Tag abwarteten. Gegen 05.30 Uhr fuhren wir dann durch eine Stadt, die schwer vom Erdbeben gezeichnet war. Jemand im Bus sagte, dass dies die Stadt Spitak sei. Alles war dunkel, nur am Rande der Ruinen brannten kleine Feuer, an denen Menschen saßen. Nach weiteren 30 km Fahrt kamen wir nach Leninaken, an den Ort unseres Rettungseinsatzes.

Leninaken ist eine Stadt im Nordwesten von Armenien, an der türkischen Grenze, früher hieß die Stadt Aleksandropol, die Stadt liegt in einer Höhe von circa 1500 m und hat circa 250.000 Einwohner. Von einem Einheimischen erfuhren wir, dass die Stadt zwischen 70 und 80 % zerstört ist.

Die Katastrophe, das Erdbeben ereignete sich am 7. 12. 1988 gegen 11.40 Uhr und dauerte zwei Minuten. Am schwersten betroffen war die Stadt Spitak. Letzten Meldungen zufolge verursachte das Erdbeben circa 55.000 Tote und 700.000 Obdachlose.

Wir fuhren noch bei Nacht durch die Straßen von Leninakan. Überall das gleiche Elend: eingestürzte Häuser und Wohnblocks. Kräne und Scheinwerferlicht, welches das Chaos beleuchtete. Im Hintergrund die Dunkelheit der Macht, an der Straßenseite kleine Feuer und die betroffenen Menschen, die in Decken gehüllt darum herumsaßen. Daneben aufgestapelt Särge in Schwarz, Rot und naturbelassen.

Beim Anbruch des Tages in aller Früh erreichten wir das Polytechnikum, in dessen Nähe unser Lagerplatz war. Um das Lager brauchten wir uns nicht weiter zu kümmern. Die Soldaten der ABC-Abwehrschule stellten das Lager auf und wir brauchten es uns nur noch wohnlich zu gestalten. Eigentlich wollten wir den Hunden etwas Ruhe gönnen, wir waren schließlich bereits 24 Stunden unterwegs, aber dazu hatten wir keine Gelegenheit. Kaum war das Lager aufgestellt und eingerichtet, kamen schon die ersten Betroffenen und baten um unsere Hilfe. Wie wir später erfahren haben, war die Meldung, dass Österreicher mit Hunden angekommen sind, wie ein Lauffeuer durch die Stadt geeilt. Ihr Gesichtsausdruck sagte uns, dass wir ihre Bitte nicht abschlagen dürften.

Adi Mühlbacher übernahm die Einsatzleitung der Hundeführer. Am ersten Tag wurden drei Gruppen zu je drei Hundeführern eingeteilt. Ein Hund war dann immer in Reserve. Es war jedoch kein genauer Einsatzplan vorhanden und so irrten wir von Ruine zu Ruine und niemand wusste genau, wo wir eigentlich vorgesehen waren. Es kamen immer mehr Betroffene, um unsere Hunde in Anspruch zu nehmen.

Von den Russen und auch von den Armeniern war keine wirklich brauchbare Hilfe zur Bergung der Überlebenden zu erwarten. Es musste deshalb die Einsatzart abgeändert werden. Immer zwei und zwei Hundeführer sowie ein Angehöriger des Bundesheeres mit einem Echolot bildeten zusammen ein Team. Die drei Personen mit den zwei Hunden fuhren dann mit dem Anforderer zum Einsatzort. Der erste Hundeführer suchte in den Trümmern nach verschütteten Personen und hatte in den meisten Fällen zwei oder drei Stellen, an denen der Hund „verwiesen" hatte. Darin wurde der zweite Hund eingesetzt, und wenn dann die Stellen, an denen die Hunde verwiesen hatten, identisch waren, kam der Soldat mit dem Echolot zum Einsatz. Dieser sollte herausfinden, ob hier noch Lebende verschüttet waren oder bereits jede Hilfe zu spät kam. In vielen Fällen konnte der Soldat mit dem Echolot Lebenszeichen hören. Es wurde dann über Funk der Bergetrupp des Bundesheeres angefordert, der die Bergung mit Schremmhammer, Winden und anderen Bergegeräten vornahm. Bei der Bergung der Verschütteten waren wir in den meisten Fällen nicht mehr anwesend, weil die Bergung mehrere Stunden in Anspruch nahm und wir inzwischen schon wieder zu einem anderen eingestürzten Haus oder Wohnblock gerufen wurden. Wir erfuhren dann oft viel später, dass die Ortung mit dem Hund positiv gewesen war."

12. 12. 1988 Zum Frühstück gab es dann als Zugabe „Cholera-Alarm". Wir wurden sofort vom Bundesheerarzt Dr. Schlögl über die genauen Verhaltensweisen informiert und erhielten zur besseren Abwehr Vitamintabletten.

Die sechs Einsatztage bis zum 16. 12. 1988 verliefen in einem regelmäßigen Rhythmus. Die fünf Gruppen der Hundeführer kamen immer in der gleichen Reihenfolge zum Einsatz. Zwischendurch gab es dann, von der Anzahl der Einsätze abhängig, längere oder kürzere Ruhepausen für unsere Hunde. Von Ruhe kann aber nicht gesprochen werden, weil Tag und Nacht in unmittelbarer Nähe Maschinen und Fahrzeuge in Betrieb waren. Die Luft war durch die Abgase derart mit Kohlenmonoxid angereichert, dass nicht nur die Hunde, sondern auch wir die Nase rümpften. Dazu kam noch der Staub von den eingestürzten Häusern, der die Nasenarbeit der Hunde stark beeinträchtigte.

Täglich wurden von den Hundeführern bis zu fünf Einsätze absolviert, dies zur Tages- und auch zur Nachtzeit. Die Belastung für die Hunde war enorm.

Der guten Zusammenarbeit zwischen dem Bundesheer und den Hundeführern des Österreichischen Bergrettungsdienstes war es zu verdanken, dass 13 Menschen vor dem sicheren Tod bewahrt werden konnten. Über die unzähligen Toten, die aus den Trümmern geborgen werden konnten, wurde keine Aufzeichnung geführt. Die Zahl jedoch war beträchtlich. Der Anblick der Toten war erschreckend, besonders dann, wenn es sich um Kinder handelte.

16. 12. 1988 Ab Mittag ist Einsatzende. Die Hunde sind geschafft und ein weiterer Einsatz wäre sinnlos. Für unsere Ablöse hat ein kanadisches Team gesorgt, das mit drei Hunden, die für Trümmersuche ausgebildet sind, ausgerüstet ist. Der Nachmittag wird für eine ausgedehnte Körperpflege genützt.

Im Lager hat es ausgezeichnet funktioniert. Das Bundesheer hat uns vorbildlich mit Speis und Trank (Tee und Kaffee) versorgt. Es war ein angenehmes Zusammenarbeiten und der Erfolg spricht für sich. Auch das Bundesheer war mit der Arbeit der Lawinenhunde sehr zufrieden. Sie sagten, dass solche Einsätze ohne Hunde zum Scheitern verurteilt sind. Sie würden in Zukunft bei solchen Einsätzen versuchen Lawinenhunde beizuziehen, denn nur gemeinsam sei ein entsprechender Erfolg möglich. Eine solche Aussage von so kompetenter Stelle wertet unsere Hundearbeit um ein Vielfaches auf.

Gegen 20.00 Uhr des 16. 12. 1988 räumten wir das Lager und fuhren mit dem Bus zum Flughafen nach Eriwan. Circa 40 Soldaten des Bundesheeres fuhren mit uns nach Hause. Der Rest musste noch drei Tage im Einsatzgebiet bleiben. Um Mitternacht kamen wir in Eriwan an.

IV. Das Diensthundewesen der österr. Bundesgendarmerie

Bei der Bundesgendarmerie, die am 8. Juni 1849 gegründet wurde, hat man sich sehr früh mit dem Einsatz von Tieren befasst. Insbesondere in Niederösterreich, zu diesem Kommando zählte in der Kaiserzeit auch Wien, verwendete man hauptsächlich Pferde. Aber bereits im Jahr 1897 findet man von dem bekannten Untersuchungsrichter und Kriminalisten Hans Gross einen Artikel über die Einsatzmöglichkeit von Polizeihunden.

So wurden bereits im Jahr 1904 bei der Gendarmerie versuchsweise die ersten Hunde im Patrouillendienst eingesetzt. Und wie so oft ging auch diese Entwicklung auf die Privatinitiative engagierter Beamter zurück, die mit Zustimmung der Vorgesetzten ihre Privathunde in den Dienst der Exekutive gestellt hatten.

1909 erklärte sich die Behörde erstmalig bereit, die Futterkosten der solcherart dienstlich verwendeten Privathunde aus dem Budget zu refundieren. Erst als der kriminalistische Ausforschungsdienst konkrete Formen annahm, war es Gendarmerie-Inspektor Feldmarschallleutnant Michael Tislja von Lentulis, der um 1910 die ersten Polizeihunde beim KK Landesgendarmerie-Kommando Nr. 1 in Wien einführte.

1913 gab es Diensthundestationen in Tulln, Liesing und Atzgersdorf. Der Erste Weltkrieg bedeutete das Ende dieser neuen Dienstsparte, da man nicht einmal für die Bevölkerung ausreichend Nahrungsmittel zur Verfügung hatte. Da man den Wert des Hundes im Exekutivdienst erkannt hatte, erfolgte 1920 bei der Gendarmerie die offizielle Anschaffung von Diensthunden, wobei hauptsächlich der Deutsche Schäferhund eingestellt wurde.

1928 gab es in ganz Österreich 11 Kriminalhundestationen. In den Dreißigerjahren befasste sich Revierinspektor Hartinger sehr intensiv mit Diensthunden, wobei er auch verschiedene Rassen erprobte. Seine Bemühungen wurden vom Zweiten Weltkrieg unterbrochen, da selbst die Vierbeiner zum Frontdienst eingezogen wurden.

1945 begann er als Stabsrittmeister und zentraler Diensthundereferent neu, konnte aber im besetzten Land nur sehr wenig zum Aufbau des Diensthundewesens beitragen.

18. 2. 1946 Kriminalhunde – Meldung

Es ist beabsichtigt, die Verwendung von Kriminalhunden (Spür- und Schutzhunde) im Sicherheitsdienst allgemein zu gestatten. Die Verwendung ist an die Bewilligung des Landes-Gendarmerie-Kommandos gebunden und es dürfen nur nachstehende Hunderassen verwendet werden: Schäferhunde, Dobermann, Boxer, Riesenschnauzer und Rottweiler.

Jene Gendarmeriebeamten, die im Besitz solcher Hunde sind oder sie erwerben können, haben dies anher zu melden. Die Hunde werden überprüft, und bei Eignung wird dem betreffenden Beamten Gelegenheit geboten, einen Hundeführerkurs in Wien zu absolvieren.

Ferner sind diejenigen Beamten, die beim Militär als Hundeführer tätig waren, anher zu melden. Unter Gendarmeriebeamten sind in Hinkunft auch Hilfsgendarmen zu verstehen.

1948 besuchte der erste Gendarmeriediensthundeführer in der Zeit vom 1. April bis 31. Juli einen Kurs zur Führung von Polizei-Diensthunden bei der Diensthundeabteilung der Bundespolizeidirektion Wien, an dem auch der provisorische Gendarm Eduard Schwammer mit seinem Diensthund Tillo teilnahm. Er führte bis zu seiner Pensionierung sechs Diensthunde und war von 1975 an für die Bundesabrichtung verantwortlich.

So gab es im Jahr 1950 bei den Erhebungsabteilungen 10 Diensthunde und einige wenige auf Gendarmerieposten.

Kommando Diensthunde Oberst Viticek, Bundesabrichter Jakob und Schwammer

Li.: Bundesabrichter Lawinensuchhunde Franz Wenger

Re.: Bundesabrichter Franz Kampenhuber

1965 wurde beim Landesgendarmeriekommando für Niederösterreich die **ZENTRALE DIENSTHUNDESTATION** erbaut und der Adjutantur unterstellt, nach vier Jahren aber wieder der Erhebungsabteilung eingegliedert.

1975 entstand eine neue Diensthundevorschrift, die auch dem Suchtgiftspürhund Rechnung trug. Bezirksinspektor Franz Wenger aus Zell am See wurde 1979 vom Gendarmerie- Zentralkommando zu einem Suchtgiftspürhundekurs nach Deutschland an die Zollhundeschule Neuendettelsau geschickt, um als Abrichter für Suchtgiftspürhunde Erfahrungen zu sammeln und in Österreich Suchtgiftspürhundeführer auszubilden.

Der Hund muss mit angeborenen Spitzenqualitäten und hervorragender Nasenveranlagung ausgestattet sein. Er muss weiters eine hohe Mutlage, einen hohen Beutetrieb und eine hohe Belastbarkeit aufweisen und natürlich kerngesund sein. Der Hundeführer muss mit seinem Junghund, sobald dieser ein Jahr alt ist, zwei Kurse absolvieren, wobei er und sein Hund jeweils eine Prüfung ablegen müssen. Erst dann ist der Hund einsatzbereit und kann eingesetzt werden. Bereits vor dem ersten Kurs muss der Hund mit den Vorbereitungen beginnen. Der Hund muss sich über Leitern, Kisten, auf und unter Fahrzeugen beziehungsweise über alle möglichen Hindernisse in Räumen und im Freien frei bewegen. Natürlich muss er auch freudig bringen. Die Ausbildungskurse dauern jeweils einen Monat im Frühjahr und im Herbst. Gleich zu Beginn der Ausbildung werden der Beutetrieb und die Spielfreude in den Vordergrund gestellt.

Der Hund wird zunächst auf den Geruch von Haschisch eingestellt, indem ihm in seinem Lieblingsspielzeug Haschisch, nur einige 1-mm-Löcher bleiben frei, sicher verpackt wird. Dann werden mit dem Spielzeug Bringarbeiten durchgeführt und Kampfspiele zwischen Hund und Führer gemacht. Nach einer Woche hat der Hund seine Arbeit und den Stoff verknüpft (das heißt begriffen). Die Cannabisprodukte besitzen über 352 Geruchskomponenten. Das heißt, es gibt im Haschisch 352 Geruchskomponenten. Auf diese Gerüche muss nun der Hund ansprechen. Er arbeitet aber nur nach einem Leitgeruch und auf diesen spricht er an.

Zu Beginn des zweiten Kurses wird nur mehr mit weichen Drogen (Haschisch) gearbeitet, dann wird das Haschisch gegen Heroin, Kokain und Rohopium ausgetauscht. Es ist für den Hund ein Gemisch von Gerüchen, mit denen er jetzt zu arbeiten hat. Zeigt mir der Hund diese Gegenstände an, dann weiß ich, dass er verknüpft hat. Der Hund ist von seinem Riechorgan her eigentlich ein Chemiker, was das Zerlegen der einzelnen Geruchskomponenten betrifft. Der Hund kann mir sagen, welcher Stoff ausgelegt ist, aber er zeigt mir durch sein Gehaben an, dass er etwas gefunden hat.

Nochmals möchte ich darauf hinweisen, dass der Hund mit keinem Stoff in Berührung kommt und nur mit dem Beutetrieb gearbeitet wird. Der Hund würde, wenn er mit Rauschgift in Berührung käme, nicht länger als ein Jahr leben.

Li.: Bundesabrichter Josef Bartsch

Re.: Oberst Vitecek mit Hundeführerkurs

U. re.: Hunderassen bei der Gendarmerie

Diensthundestaffel Burgenland

Franz Wenger war auch Abrichter für Lawinendiensthunde. Darüber schreibt er: „In der Lawinenarbeit war es früher so, dass wir angefangen haben, Gegenstände vom Führer vergraben zu lassen, und der Hund sah dabei zu. Das ist dann immer so gesteigert worden, dass die Gegenstände immer tiefer vergraben wurden. Diese Abrichtung war sehr schwierig. Die Schweizer waren dann die Ersten, die das von ihnen entwickelte Vier-Phasen-System einführten. Dieses System wurde in der Folge auch bei uns eingeführt und hat sich bestens bewährt."

1981 war der Stand an Diensthunden auf 10 gesunken. Erst als die Zentrale Diensthundestation aus wirtschaftlichen Gründen aufgelöst worden war, kam eine Initiative des Gendarmerie-Zentralkommandos zum Tragen, wonach die dezentrale Errichtung von Diensthundestationen auszubauen war.

Dann wurden vom Gendarmerie-Zentralkommando 200 Diensthunde für ganz Österreich geführt: 108 Fährten- und Schutzhunde, 24 Suchtgiftsuchhunde, 35 Lawinensuchhunde, 31 Junghunde und drei Hunde beim Gendarmerie-Einsatzkommando.

Diensthundereferent der Bundesgendarmerie beim Zentralkommando war Oberleutnant Vogl, der nach der Übernahme dieses Referates mit den Bundesabrichtern Krippel, Putz und Kampenhuber sofort die Ausbildung der Hundeführer und die Abrichtung der Diensthunde auf den neuesten Stand brachte. Es wurde dann nach der Realität und den Bedürfnissen des Gendarmeriedienstes ausgebildet.

Der Gendarmeriediensthundeführer war der einzige Diensthundeführer, der auf seinem Posten normalen Dienst zu verrichten hatte und nur über Anforderung oder eine eingeteilte Patrouille mit dem Hund eingesetzt war. Was nicht gerade förderlich für die Kameradschaft war, ging es doch dann um die anfallende Arbeit und oft auch um das Fahrzeug.

Demgegenüber gilt der Hundeführer im gesamten Europa als Spezialist, der nur mit seinem Hund als bestens bewährtes Team den Dienst versieht. Obwohl von uns gefordert wurde, den Hund zum Bezirkskommando zu geben, wurde das aus Finanzierungsgründen abgelehnt.

Trotzdem leisteten Führer und Hunde ihr Bestes, wie die Auszüge der folgenden Berichte zeigen:

Gendarmerieposten GMUNDEN

Hundeführer Matthäus Schatzl mit Diensthund Ajax, Deutscher-Schäfer-Rüde, Fährten- und Lawinensuchhund.

Am Gründonnerstag, dem 15. April 1954, stieg eine Gruppe von zehn Schülern aus Heilbronn, Deutschland, unter Führung ihres Klassenlehrers und in Begleitung zweier weiterer Lehrpersonen von Obertraun zu einem Tagesausflug über die Schönberg- und Gyadalm zum Krippenstein im Dachsteinmassiv auf. Zu dieser Zeit war das Wetter der Jahreszeit gemäß äußerst wechselhaft und für eine solche Bergtour denkbar ungeeignet. Allen Warnungen bergerfahrener Personen zum Trotz wagte sich der Mathematiklehrer Seiler in die unerbittliche Welt des Hochgebirges. Ohne entsprechende Alpinausrüstung und warme Kleidung verließ die Gruppe bei strahlendem Sonnenschein um 06.30 Uhr ihre Unterkunft. Als die Gruppe am Nachmittag völlig durchnässt die Schönbergalm erreichte und dort zum Aufwärmen acht Liter Tee konsumierte, wurde sie nochmals vor einer Fortsetzung ihrer Tour gewarnt. Doch sie vertrauten offensichtlich auf die Bergerfahrung ihres Lehrers, der auch eine gute Karte und einen Kompass mithatte.

Völlig überraschend setzte ein Wettersturz ein, der von starkem Schneefall und Stürmen begleitet war. Als die Gruppe nicht, wie vereinbart, in ihr Quartier zurückkehrte, verständigte man die Gendarmerie. Bei schweren Schneestürmen und Nebel begann am 16. April 1954 eine großangelegte Suchaktion im Dachsteingebiet, Alpingendarmen, Bergrettung und Lawinensuchhund Ajax waren ununterbrochen im Einsatz. Extreme Witterungsbedingungen führten Mensch und Tier an die Grenzen ihrer körperlichen Belastbarkeit.

Nach neun Tagen stellte sich der erste traurige Erfolg ein. Obwohl er schon wundgelaufene Pfoten von den scharfen Eiskristallen hatte, zeigte Ajax den ersten Fund an, die Leichen von zwei Erwachsenen und sieben Schülern unter meterhohem Schnee. Die übrigen Leichen konnten erst nach Tagen geborgen werden, wobei wieder Ajax zur Auffindung beigetragen hatte. Heute erinnert nur noch das am Dachsteinplateau beziehungsweise am Fundort der Erfrorenen errichtete Heilbronnerkreuz an das furchtbare Unglück.

Gendarmerieposten TRAUN

Hundeführer und Abrichter Franz Kampenhuber mit Diensthund Dux vom Mohrungerland, Deutscher-Schäfer-Rüde, Schutz- und Fährtenhund.

13. 3. 1982 06.00 Uhr. Fährteneinsatz. Unbekannte Täter hatten einen Rammbock auf Gleis 2 der Westbahnstrecke bei St. Valentin gelegt, sodass ein Personenzug auffuhr und erheblicher Sachschaden entstand, während am Nebengleis der Holland-Express mit 140 Stundenkilometern vorbeidonnerte. Fährtenansatz am Bahndamm. Weiterverfolgung der Spur circa 300 Meter den Bahndamm hinunter in eine Gärtnerei, durch den Betrieb über Schotter- und Lehmböden eine Straße entlang zum Schubertviertel. Nach circa 50 Metern bei einem Haus verwies der Hund. Die beiden jugendlichen Täter gaben die Tat auch sofort zu, konnten aber kein Motiv für ihren Leichtsinn angeben.

23. 10. 1987 10.05 Uhr – Fährteneinsatz: Bereits am Freitag, dem 22. Oktober 1987, hatte ein Diensthund der Bundespolizeidirektion Steyr den seit siebzehn Stunden vermissten neunjährigen Schüler Clemens F. aus Steyr ermordet in einem Sumpf gefunden.

Am Auffindungsort der Leiche wurde der Hund angesetzt. Er verfolgte die Fährte in nordwestlicher Richtung, durch einen Schilfgürtel, über einen Acker. An dessen Ende bei einem Transformator verwies der Hund einen grünlichen Stoffteil, der vom Opfer stammte. Von dort ging der Hund Richtung Erziehungsanstalt Steyr-Gleink. Obwohl in den Höfen verschiedene Böden und viele Türen waren, ging der Hund unbeirrt weiter bis vor eine verschlossene Doppeltür, den Eingang zum Erziehungsheim. Bei den anschließend von Beamten der Kriminalpolizei Steyr durchgeführten Vernehmungen gestand ein siebzehnjähriger Zögling den Mord.

Gendarmerieposten REHGAU

Diensthundeführer und Abrichter für Suchtgiftspürhunde Werner Schmidhammer mit Diensthund Setter Aeneas of Worplesdon, Suchtgiftspürhund:

Am 11. September wurde in Mondsee ein dort auf einem Parkplatz seit längerer Zeit abgestellter Mercedes vom Suchtgiftspürhund abgesucht. Dabei wurde dieser fündig, sodass dieser PKW rund um die Uhr von Kriminalbeamten beobachtet wurde. Als zwei Fernfahrer damit wegfahren wollten, wurden sie verhaftet und das Fahrzeug in die Werkstätte des Landesgendarmeriekommandos gebracht. Als man den Wagen genau untersuchte, fand man in den Holmen 11 kg Cannabisharz und 10 kg hochkonzentriertes Cannabisöl in Plastiksäken. Der Wert des sichergestellten Suchtgiftes betrug 10 Millionen Schilling. Es gelang dann noch, fünf Händler zu verhaften. Allein in diesem Jahr starben 47 Menschen an einer Überdosis Rauschgift.

Gendarmerieposten BRUCK AN DER MUR

Diensthundeführer Walter Vollmeier, Diensthund Kessy vom Rheinmahd, Deutsche Schäferhündin, Schutz- und Fährtenhund.

18. 12. 1983 Einbruch in eine Fleischhauerei, 19.30 Uhr Fährtenansatz an der Rückseite des Einbruchsobjekts, über einen Acker am Rande einer Asphaltstraße, über einen Schotterweg und Wiesengelände bis zu einem Anwesen am Waldweg in Kapfenberg. Beim Erscheinen der Hündin legte der Täter ein umfangreiches Geständnis ab. Fleischwaren im Wert von 5.000.- Schilling wurden sichergestellt, und weitere drei Einbrüche konnten aufgeklärt werden.

14. 8. 1984 14.35 Uhr – Fährtenansatz gegen einen Wilderer in Stanz, Revier Rossegg des Forstgutes Malburg. Fährtenansatz an der Aufbruchstelle eines gewilderten Rehbockes, durch alle Arten von Waldgebiet und zuletzt auf eine Forststraße, insgesamt circa 3 km, bis zu einer Wegkreuzung, wo deutlich sichtbare Schuhabdrücke und Reifenspuren sichergestellt werden konnten. Auf einem nahegelegenen Bauernhof konnte in Erfahrung gebracht werden, dass in den frühen Vormittagsstunden ein bekannter Schwammerlsucher aus Stanz mit seinem PKW dort gestanden war. Bei der Nachschau am Hof dieses Schwammerlsuchers konnten die Stiefel mit dem sichergestellten Profil sowie die Innereien des Rehbockes gefunden werden.

Gendarmerieposten LANGENLOIS

Bundesabrichter und Diensthundeführer Otto Krippel mit Diensthund Ceno vom Schloss Viehofen, Rottweilerrüde, Schutz- und Fährtenhund.

10. 2. 1987 16.00 Uhr – Fährteneinsatz: Im Au-Gebiet in der Ried war eine neben der Kegelbahn befindliche Gartenhütte aufgebrochen und angezündet worden, vermutlich zur Beseitigung der Spuren. Um 16.30 Uhr wurde der Hund außerhalb des Gartens auf einen sichtbaren Schuhabdruck im Erdreich angesetzt. Der Hund nahm sofort Witterung auf und verfolgte die Fährte durch unübersichtliches Au-Gelände Richtung Kampfluss. Nach circa 200 Metern verwies der Hund deutlich sichtbare Blutspuren. Der Täter hatte sich beim Überklettern des Zaunes verletzt und die Hände im Schnee abgerieben. Die Fährte führte circa 500 Meter bis zum zugefrorenen Kampfluss auf dem Eis circa 2 Meter vom Ufer entfernt in Richtung Hadersdorf, nach circa 2 Kilometern unter der Brücke der B 35 hindurch, bog dann vom Fluss ab auf eine Behelfsbrücke und weiter bis vor das Haus des Täters, der aufgrund der Blutspuren und seiner Handverletzung die Tat gestand. Der Unmündige hatte einen Schaden von 80.000.- Schilling verursacht.

10. 2. 1988 10.20 Uhr – Stöbereinsatz: Eine geistig behinderte Schülerin hatte vor Unterrichtsbeginn die Schule verlassen und war dabei von Mitschülern gesehen worden, wie sie den Ort in Richtung der umliegenden Wälder verlassen hatte. Da man nicht wusste, in welchen Wald das Mädchen gegangen war, wurde eine Suchaktion durchgeführt, bei der abschnittsweise rund um den Ort das Gelände vom Hund durchstöbert wurde. Es herrschte starker Wind und zeitweise dichtes Schneetreiben. Gegen 13.30 Uhr konnte der Hund das Mädchen im Garten eines unbewohnten Hauses am östlichen Ortsende von St. Leonhard in einer verfallenen Holzhütte aufstöbern. Das Mädchen kauerte in einer Ecke schlafend auf dem Boden.

Gendarmerieposten GMÜND I

Diensthundeführer und Abrichter Helmut Wetsch mit Diensthund Donko vom Bachweg, Rottweilerrüde, Schutz- und Fährtenhund.

9. 9. 1987 22.16 Uhr – Stöbereinsatz: In der Diskothek Gruber in Hohneich war es zwischen drei Bundesheerangehörigen, dem Wirt und dessen Gattin zu einem Raufhandel gekommen. Beim Eintreffen des Hundeführers hatten die drei Burschen bereits das Lokal verlassen. Mit dem Hund wurde sofort die nähere Umgebung des Lokals abgesucht, dabei konnte bei einer Autobushaltestelle einer der Täter vom Hund gestellt werden. Dadurch war es möglich, die Identität festzustellen und diese dem Bezirksgericht Gmünd anzuzeigen.

Gendarmerieposten AMSTETTEN

Diensthundeführer und Abrichter Friedrich Esletzbichler mit Diensthund Arko von den Welser Stadtwerken, Deutscher Schäferrüde, Schutz-, Fährten- und Lawinensuchhund.

19. 1. 1984 03.00 Uhr – Fährteneinsatz: Beim Landesproduktenhändler Karl Wagner in Hausmening hatten unbekannte Täter eingebrochen und Waren im Wert von 5.000.- Schilling gestohlen. Fährtenansatz beim Einbruchsobjekt, weiter entlang der Bahnlinie Richtung Waidhofen, dann in nördlicher Richtung quer über ein

Feld in die Theresienthaler Straße zum Haus Nr. 38 und dort in den Innenhof. Bei der Überprüfung der Bewohner wurden die Täter ausgeforscht und verhaftet und das Diebsgut sichergestellt.

16. 2. 1991 13.00 Uhr – Lawineneinsatz: Lawinenabgang im Gebiet des Königsberg Bachlertal. Grob- und Feinsuche mit Sondiermannschaft (Alpine Gendarmerie- Einsatzgruppe, Bergrettung Lunz am See und freiwillige Helfer). Die gesamte Länge des Lawinenhanges wurde von unten nach oben abgesucht, anschließend ausgedehnte Stöberarbeit im alpinen Gelände. Es befand sich kein Schifahrer unter der Lawine, wie zuerst angenommen worden war.

So blieb der Hundeführer, von vielen als Dackeltreiber bezeichnet, bei manchen Kollegen der Außenseiter. Was von diesen Teams damals aber geleistet wurde, erzählt ein damaliger Gendarmeriediensthund.

Gendarmerie -Diensthund DINGO

Ich wurde am 14. Juni 1902 im niederösterreichischen Schwadorf geboren. Mit mir kamen noch neun Geschwister auf die Welt. Unsere Mutter Birka vom Gravingholz hatte es natürlich nicht immer leicht mit uns. Unser Vater war der stolze Rüde und Europameister Aron vom Fuße des Schöckel. So kam es, dass ich mit einigen Geschwistern dann von einer Amme aufgezogen wurde. Die Tage im Zwinger vergingen mit Spielen, Raufen und Fressen. Dann kam der große Tag in meinem Hundeleben. Ich sollte nach Salzburg verkauft werden. Das Auto war schon vollbepackt und ich bereits eingeladen, als das Telefon klingelte.

Die Diensthundeabteilung des Landesgendarmeriekommandos für Niederösterreich, Gruppeninspektor Werner Fleisch war am Apparat, er brauche dringend einen Diensthund, ein Beamter werde ihn sofort abholen und gleich bezahlen. So wurde ich wieder ausgeladen und kam in die Küche, wo ich nun wartete, bis mein neues Herrl kam, mich begutachtete und dann aus dem Haus zu seinem Auto trug. Was sah ich da, im Auto waren noch zwei Hunde und ein Mädchen, das mich gleich auf den Schoß setzte. Nun begann für mich die Reise in eine ungewisse Zukunft. Musste ich mit diesen anderen Hunden zusammenbleiben oder nicht? Dann endlich, nach einer Stunde, ich hatte unterwegs bereits dringend müssen, kamen wir bei meinem neuen Zuhause an. Vorher hatten wir einen der Hunde ausgeladen.

Diensthund Ferry vom Schwadorfer Schloss – genannt DINGO

Mein neues Zuhause war ein Einfamilienhaus mit Herrchen, einem angehenden Gendarmeriediensthundeführer. Frauchen hatte ein Friseurgeschäft, das ich natürlich auch kennenlernte. Es gab dann noch die Kinder Andreas und Brigitte, die aber nicht mehr im Haus wohnten. Aber einen von meiner Sorte gab es bereits, er war semmelblond, größer als ich und natürlich um einige Monate älter, er wurde Alex gerufen. Nun, da er ja älter und bereits zwei Monate länger im Haus war als ich, musste ich mich halt fügen und seine Vorrechte anerkennen. Die Tage vergingen wie im Flug mit Fressen und Spielen. Im März 1983 wurde ich zu einer Überprüfung nach Wien beordert. So fuhren wir halt nach Wien, und siehe da, ich wurde bestaunt und natürlich genommen, war ich doch der beste und stärkste Hund, obwohl ich der jüngste war. Nun bekam mein Herrl endlich Geld für mich und mein Fressen. Aber auch der Ernst des Lebens begann schön langsam für mich. Mein Herrl plagte mich mit allen möglichen Kommandos. Da ich ein gelehriger Hund war, begriff ich sehr schnell. Wenn ich alles gut gemacht hatte, hatte ich wieder meine Ruhe, und da ich beim Suchen und Fährtenarbeiten große Freude hatte, verging die Zeit wie im Flug. Ab März 1983 musste ich nun jeden Monat einen Tag zu einer Übung fahren. Da waren dann so an die zehn bis 14 Hunde vertreten, mit denen ich mich mehr oder minder verstand. Eifersüchtig war ich auf einen anderen Schäferhund, der aus Neunkirchen kam und mein Herrl nur so anhimmelte.

Im September war es dann so weit. Ich musste nach Wien einrücken. Mein Herrl wurde im 3. Bezirk in der Kaserne Landstraßer Hauptstraße untergebracht und ich kam in den 12. Bezirk nach Meidling, wo ich am Landesgendarmeriekommando einen Zwinger bekam, dort waren wir dann insgesamt 17 Hunde. Nun begann der Ernst des Lebens für uns beide, jeden Tag fuhren wir um 07.00 Uhr mit dem Bus in den Wienerwald und gegen 16.00 Uhr kehrten wir dann meistens hundemüde zurück. Zuerst musste mein Herrl mich versorgen, erst dann konnte er zu seinem Quartier fahren.

Der Kurs dauerte sieben Wochen und ging mir ganz schön auf die Nerven. Was man da alles von mir jungem Hund erwartete:

Fährten musste ich suchen, alle möglichen Leute beißen, die meist mehr Angst als Mut hatten. Oft war mir das zu viel und ich pinkelte aus Protest in meinem Zwinger alle Ecken an. Aber dann kam der große Tag und wir wurden nach etlichen Prüfungen ausgemustert und mit 25. Oktober 1983 in den Gendarmeriedienst gestellt. Endlich war ich wieder zu Hause in Gloggnitz.

Am **30. Oktober 1983** um 18.35 Uhr, war es dann so weit – mein erster Einsatz. In Gloggnitz, in meinem Postenrayon, war einer alten Frau die Handtasche entrissen worden und der Täter war in Richtung Stadtmitte geflüchtet. Die Beamten vermuteten, dass er es sicher nur auf das in der Tasche befindliche Geld abgesehen hatte und die für ihn wertlose Tasche auf der Flucht wegwerfen würde. Außerdem könnte sie ihn ja bei der Festnahme überführen. So suchte ich nun entlang des Erlbaches, der unmittelbar am Tatort vorbeifließt, leider ohne Erfolg.

Bereits am **13. November 1983** um 15.10 Uhr war der nächste Einsatz. Ein Einbrecher war gesehen worden, wie er in Klamm in einem unbewohnten Sommerhaus ein Fenster aufbrach. Worauf man den zuständigen Posten Schottwien verständigte, und dort hatte ein Freund meines Herrls, der Auer Helmut, Dienst, der uns sofort verständigte. In rasender Fahrt ging es den Eichberg hinauf. Noch weit vor dem Haus wurde angehalten und ausgestiegen. Durch den Wald schlichen wir bis zur Grundstücksumzäunung. Jetzt konnte auch der Fahrer Guido Bartilla mit dem Patrouillenwagen nachkommen. Nachdem das Haus umstellt war, ich lag auf der Rückseite bei den Fenstern, rief mein Herrl bei der Vorderfront hinein, der Einbrecher solle sofort herauskommen. Doch dieser dachte nicht daran, sondern öffnete leise eines der Fenster an der Hinterseite des Hauses, stieg verkehrt heraus und wollte über den Zaun flüchten. Dann sah er mich und erstarrte. Ich hatte mich zum Sprung geduckt und ihm die Zähne gezeigt. Als mein Herrl um die Ecke kam, musste er ihm nur noch die Handschellen anlegen. Im Haus hatte der Mann bereits alle gestohlenen Sachen für den Abtransport bereitgelegt. Dem Verbrecher konnten noch weitere 24 Einbrüche nachgewiesen werden.

In der Nacht vom **8. auf den 9. Dezember 1983** hatten Einbrecher in Maria Schutz das Liftespresso und den Kassenraum des Sonnwendsteinliftes aufgebrochen und Bargeld gestohlen. Worauf uns der Postenkommandant-Stellvertreter Stefan Weitzbauer vom Posten Schottwien anforderte. Nachdem mich mein Herrl beim Kassenraum angesetzt hatte, nahm ich die Fährte auf. Nun ging es den Berg hinauf bis zum Weg, der zum Friedhof führt, dabei konnte ich einen großen Schraubenzieher anzeigen, mit dem der Einbruch verübt worden war.

Dann ging die Fährte bis zum westlichen Ortsausgang von Maria Schutz über einen gänzlich vereisten Gehsteig bis zur Bundesstraße 17 und circa 100 Meter den gleichen Weg zurück zur alten Semmeringstraße.

Dort bei einer großen Schneewechte brach mein Herrl die Fährtenarbeit ab, da er in den Schneeverwehungen keine Spuren sah. Ich konnte aber noch deutlich den Geruch der Spuren wahrnehmen, obwohl man sie nicht sehen konnte, da sie der Wind zugeweht hatte.

Aber das erfuhr mein Herrl erst nach 14 Tagen, als man den Einbrecher in Wien festgenommen hatte. Er war auf der alten Semmeringstraße direkt zum Bahnhof Semmering gegangen und mit dem Zug nach Wien gefahren.

In Mollram bei Neunkirchen war am **26. Jänner 1984** gegen 19.00 Uhr vor seinem Haus dessen Besitzer in einer Blutlache tot aufgefunden worden. Auf der Kücheneckbank hatte man ein Gewehr gefunden und angenommen, der Mann sei erschossen worden. Nachdem ich am Tatort mehrfach gerochen hatte, verfolgte ich durch den großen Garten eine Fährte zu einem unter einem Flugdach abgestellten PKW, bei dem die Lenkertür nur angelehnt war, ich kratzte an der Tür, da ich aus dem PKW den gleichen Geruch deutlich wahrnahm. Mein Herrl öffnete die Tür und unter dem Fahrersitz lagen eine Hacke und ein Messer voller Blut.

Der Mann war nicht erschossen, sondern mit der Hacke erschlagen worden, und mit dem Messer war ihm die Gurgel durchgeschnitten worden, daher die große Blutlache. Nachdem das Gartenareal durchstöbert war, begannen wir den angrenzenden Föhrenwald abzusuchen. Dann kamen wir auf eine Straße, wo ich einen jungen Burschen stellte, der sagte sofort zu meinem Herrl: „Ich bin der, den Sie suchen. Ich habe meinen Vater umgebracht, die Tatwerkzeuge liegen im PKW, der unter dem Flugdach steht." Womit die Täterschaft erwiesen war.

Im **Oktober 1984** gegen 23.15 Uhr bemerkte ein Mann in Puchberg, als er mit seiner Familie nach Hause kam, dass vermutlich ein Einbrecher das WC-Fenster ausgehängt hatte. Wieder ein Einsatz. Auf dem Rasen vor dem Haus nahm ich die Fährte auf, kreuz und quer durch die Siedlung. Ich konnte den Eigengeruch des Täters noch bis zu einem Gartentürl und durch den angrenzenden Hof bis zu einer Wohnung wahrnehmen, dort wohnte der Einbrecher. Die Kollegen meines Herrls waren hochzufrieden.

Nun schien es, dass wir von Puchberg nicht mehr wegkommen sollten. Ein älteres Wiener Ehepaar war am 27. Oktober 1984 gegen 18.00 Uhr von Wien zu seinem Wochenendhaus in Puchberg, Hengsttal, gekommen. Als sie die Haustür aufsperrten, flüchteten zwei Einbrecher durch ein an der Rückseite des Hauses befindliches Fenster, worauf der Besitzer sofort die Gendarmerie in Puchberg verständigte. Und wieder schrillte das Telefon am Posten Gloggnitz: Einsatz im Raum Puchberg.

Mit dem Patrouillenwagen so schnell wie möglich zum Tatort, damit der zeitliche Vorsprung der Einbrecher so gering wie möglich bliebe. Über Funk wurden wir zum Tatort gelotst. Die Einbrecher hatten in dem Haus gut gelebt, gegessen und getrunken und darüber hinaus vom Hausherrn ein Paar neue Bergschuhe und eine lange Hose gestohlen. Das Einbrecherwerkzeug nebst einem Paar alter Schuhe hatten sie zurückgelassen. Bei den Tätern dürfte es sich um zwei Männer gehandelt haben, die seit einiger Zeit die Gegend um die Hohe Wand und Puchberg unsicher machten.

Es war bereits dunkel, als ich an der Rückseite des Hauses beim Fluchtfenster die Fährte aufnahm. Einen ganz steilen Hang hinauf zu den Gleisen der Schneebergbahn. Im rechten Winkel abzweigend die Geleise den Berg hinan, so ging es eine Zeitlang dahin, vermutlich einige Kilometer, bis plötzlich die Fährte links abbog. Gleich neben der Bahn begann ein steiler Hang nach unten, bewachsen mit circa 60 cm hohen großen Blättern. Was unter diesen Blättern war, konnte man nicht sehen. Ich roch die Fährte und zog mein Herrl nach, dieser rutschte aber auf dem unter den Blättern befindlichen, verfaulten Holz aus und sauste an mir vorbei den Hang hinunter, hinter ihm der Bigo, sein Kamerad aus Puchberg. Nach circa 30 Metern waren wir drei wieder beisammen. Ich zog die beiden zu einer in der Nähe befindlichen Hütte. Die war aber so gut gesichert, dass die Einbrecher nicht hineinkonnten. Da es bereits stockdunkel war, brach mein Herrl die Fährtensuche ab, wir wussten ja nicht, wo wir uns befanden, irgendwo im unwegsamen Felsengebiet des Schneeberges. Gott sei Dank hatten wir ja den Bigo (Franz Bichler – Kommandant der Alpinen Einsatzgruppe Puchberg) bei uns und der kannte sich natürlich auch in dieser stockfinsteren Nacht aus, wusste, wo wir waren und wie wir wieder nach Hause kommen würden. So kontrollierten wir noch die in diesem Gebiet befindlichen Schutzhütten und brachen den Einsatz ab. Bigo verständigte dann noch alle Schutzhüttenwirte und ersuchte sie, sofort zu melden, wenn Verdächtige dort erscheinen sollten.

Am **29. Oktober 1984** um 08.50 Uhr Alarm. In Puchberg am Schneeberg in der Edelweiß-Hütte waren zwei verdächtige Burschen gewesen. Sofort als sie weggingen, hatte der Hüttenwirt den Posten Puchberg verständigt. So ging es in rasender Einsatzfahrt nach Puchberg und weiter nach Losenheim. Von dort ging es über einen Forstweg den Schneeberg hinauf, bis der Weg zu Ende war. Bei uns im Patrouillenwagen befand sich auch der Puchberger Postenkommandant Dannhauser. Das Auto wurde abgestellt, der Postenkommandant lief einen Steig entlang und mein Herrl begann mit mir den Aufstieg, gerade den steilen Berg hinauf.

Da bekam ich plötzlich von links oben eine Witterung, aber ich konnte nicht laufen, da mein Herrl mich noch immer angeleint hatte. Kurz vor dem Grat leinte er mich ab. Ich sauste zu einer Felsengruppe und um diese herum. Was sah ich da. Ein Bursch stand mit einer Wurstsemmel in der Hand und getraute sich nicht mehr zu bewegen, der zweite Bursche saß im Gras und hatte eine Konservenbüchse in der einen und ein Messer in der anderen Hand. Die zwei waren bei meinem Erscheinen erstarrt. So umkreiste ich sie bellend, bis mein Herrl, schnaufend und nach Luft ringend, eintraf und die beiden sofort anschrie: „Hände hoch!" Dann war auch schon der Postenkommandant da. Dem Pärchen wurden Handschellen angelegt und die übrigen Patrouillen über Funk verständigt, dass die Täter von mir gestellt und festgenommen worden waren.

Mein Herrl war nun mächtig stolz auf mich, hatte er doch zuerst, als ich wie der Blitz von ihm wegsauste, vermutet, dass ich vielleicht Gämsen wilderte, was eine meiner negativen Eigenschaften ist.

Dann kam das **Jahr 1985,** bereits am 11. Jänner gegen 20.00 Uhr gab es einen besonderen Einsatz in Gloggnitz: Eine sechzigjährige Frau hatte in einem unbeaufsichtigten Augenblick das Haus nur mit Hausschuhen und einem Kleid bekleidet verlassen. Ihr Gatte befürchtete das Ärgste, da sie seinen Angaben zufolge sehr schnell die Orientierung und Übersicht verlor und dann nicht mehr weiterkonnte. Fährteneinsatz mitten im Stadtgebiet beim Eislaufplatz, es ist wolkenlos und hat minus achtzehn Grad, eine Saukälte. Die Fährte führte vorbei am Eislaufplatz, den kurz vorher jede Menge Kinder verlassen hatten, Richtung Enzenreith, dann zum Urnenhain beim Bergfriedhof und in den angrenzenden Wald. Beim Durchstreifen dieses Waldes hörte ich plötzlich ein ganz leises Stöhnen. Ich hatte die Frau schon längst gerochen und mein Herrl zu dieser Stelle geführt. Sie lag in einem halb zugefallenen Schützengraben und wäre bestimmt in kurzer Zeit erfroren. Sie wurde mit der Rettung in das Krankenhaus Neunkirchen gebracht, wo sie gesund gepflegt wurde.

Für diese Lebensrettung bekam ich vom Innenministerium die **GOLDENE MEDAILLE FÜR BESONDERE LEISTUNGEN** verliehen. Ich hatte mit der Wurst, die mir mein Herrl gab, selbstverständlich mehr Freude, aber er war natürlich sehr stolz auf mich und freute sich riesig.

Bereits am **15. April 1985** mussten wir wieder nach Puchberg. Der Bezirkskommandant beorderte uns dorthin, ohne meinem Herrl nur zu sagen, er solle sich warm anziehen. Der aber dachte sich dabei nichts Besonderes. Erst als wir kurz vor Puchberg waren und sich mein Herrl über Funk meldete, hörte er, dass sich auch die Libelle (Hubschrauber des Innenministeriums) über Funk meldete. Nun, sollten wir vielleicht mit dem Hubschrauber fliegen? Kurz darauf kam die Meldung durch und jetzt war es gewiss, wir würden fliegen. Am Sportplatz in Puchberg erfuhren wir, dass am Hochschneeberg im Hotel eingebrochen worden war und der Täter dort auch genächtigt hatte. Da zu diesem Zeitpunkt im Raum Puchberg ein Mörder flüchtig war, befürchtete man, dass er sich am Schneeberg aufhalten könnte. An diesem Tag herrschte ein richtiges Aprilwetter auf dem Hochschneeberg, es stürmte furchtbar. So flog zuerst Bingo, erst dann starteten mein Herrl und ich. Vor dem Start hatte ich den Rotor noch verbellen müssen. Im Hubschrauber streichelte mich mein Herrl andauernd und redete mir gut zu. Was hatte er nur, ich hatte weder Angst, noch war ich nervös. Aber vermutlich musste er seine eigene Angst irgendwie abreagieren. Der Flug verlief wirklich stürmisch.

Am Schneeberg angelangt, ging ich an die Arbeit. Ich durchsuchte das gesamte Hotel, fand das Zimmer mit dem Bett, in dem der Einbrecher genächtigt hatte. Durch das Zimmerfenster ins Freie, Richtung Bahnstation Hochschneeberg, die Geleise entlang bis zum Baumgartner Haus. Da uns dann ein Zug entgegenkam, roch ich die Fährte nicht mehr.

Einsatz zum Posten Aspang – ein Mann war bei der Anhaltung von einer Gendarmeriestreife geflüchtet. Es bestand der Verdacht, dass es sich um einen geflüchteten Strafgefangenen handelte.

Fährtenansatz bei einer Wiese, nun war ich in meinem Element, ich hatte ja etwas gutzumachen. Am Ende der Wiese verwies ich eine Reisetasche, in der sich ein Fotoapparat, ein Transistorradio und eine Taschenlampe befanden. Jetzt ging es in einen Graben, teilweise durch einen Bach, aber so leicht ließ ich mich nicht abschütteln. Zunächst fand ich ein Wurfmesser, dann eine NATO-Jacke. Die Fährte weiter durch einen Bauernhof, wieder über eine Wiese zum Bahndamm der Aspangbahn, diese circa 1 km entlang, dann auf die andere Seite des Bahndammes Richtung Steiermark. Aufgrund des Fährtenverlaufes nahm mein Herrl an, dass der Flüchtige am westlichen Höhenzug heraufkommen müsste, wenn er seine Fluchtrichtung beibehielte. Die Aspangbahn fährt dort in unzähligen Windungen Richtung Steiermark. Da wir vor der Landesgrenze den Täter nicht mehr einholen würden, brach mein Herrl die Fährtenarbeit ab und wir fuhren mit einem Patrouillenwagen auf den Höhenzug Stübeck, wo wir im nächsten Haus erfuhren, dass der Mann nur circa 3 Minuten vor uns heraufgekommen sei. Nachdem wir mit dem Patrouillenwagen um die nächste Biegung gefahren waren, hatten wir den Mann vor uns.

Er ließ sich widerstandslos festnehmen, als er mich sah, eine Flucht wäre für ihn zwecklos gewesen.

Im August **1985** fuhren wir mit noch fünf anderen Hunden in die Steiermark nach Zeltweg zum Österreich-Ring. Untergebracht waren wir in der Fliegerkaserne des Bundesheeres.

Unser erster Einsatz war am Samstagabend, da mussten wir, drei Diensthunde mit Führer und noch fünfzehn Gendarmen, das große Bierzelt beim Fahrerlager bis eine Stunde nach Mitternacht überwachen. Mein Gott, was es da für Betrunkene gab, aber um mich hat ein jeder einen großen Bogen gemacht. Um zwei Uhr des Sonntags kamen wir endlich in der Kaserne zum Schlafen, mein Herrl im Stockbett und ich unter dem Bett.

Bereits um neun Uhr mussten wir wieder am Ring sein und während des Trainings das Fahrerlager überwachen. Nach Mittag hatten dann alle Streckenposten und auch die Hundeführer aufzuziehen. Mein Herrl hatte aber das große Los gezogen, ich brauchte nur die Rettungshubschrauber von Ecclestone und des ÖAMTC beim Ziel bewachen, die ohnedies in einer eigenen Umzäunung stand.

Vorher waren wir in der Boxenstraße, wo wir noch die einzelnen Boxen, vor allem Niki Lauda und Prost bei McLaren, besuchten. Dann musste ich mich vor die vielen Reifen setzen und wurde von Reportern von allen Seiten fotografiert. Nach dem Rennen gab es überall einen großen Verkehrsstau, sodass wir erst am Montag nach Hause kamen.

An einem Novemberabend, es hatte bereits geschneit, wurde mein Herrl von seinem Chef Josef Kappel über Funk verständigt, dass er sofort mit mir nach Schottwien zur Sandsilo-Kurve kommen soll. Dort angekommen, erfuhren wir, dass Dieselöldiebe von der Patrouille überrascht worden waren und daraufhin geflüchtet waren.

Wir nahmen die Täterfährte bei einem abgestellten Radlader auf, dann ging es einen steilen Hang hinunter, unter der Silo-Kurve weiter. Da bemerkte mein Herrl im tiefen Schnee zwei verschiedene Schuhabdrücke, sonst war die Spur immer eingefallen. Weiter ging es über die Fahrbahn der Semmeringstraße auf eine Wiese, bis die Fährte wieder oberhalb auf die Fahrbahn der Semmeringstraße kam und diese entlang hinunter zu einem abgestellten PKW führte. Vor dem PKW konnte ein Mann gestellt werden. Er erklärte, dass er nur telefonieren wollte. Der Abdruck seines Schuhes stimmte mit dem festgestellten überein. Er hatte glatte Sohlen, während der zweite Schuhabdruck eine Profilsohle hatte.

Nun ging es wieder zurück und am Rande der Fahrbahn zweigte die zweite Fährte ab. Sie führte über eine große Wiese, die Fahrbahn der Semmeringstraße mehrmals überquerend, zu einem tiefen Graben Richtung Schottwien. In diesem Graben war der Flüchtende öfters in dem dort befindlichen Bachbett entlanggelaufen, um keine Spuren zu hinterlassen, dann wieder einmal am linken und am rechten Ufer, bis er plötzlich vor der Ortschaft Schottwien im rechten Winkel Richtung Maria Schutz abbog. Die Fährte führte nun bergauf über eine große Wiese, ich konnte den Mann schon vor mir riechen. Dabei legte ich ein Tempo vor, dass meinem Herrl an der Fährtenleine die Zunge heraushing und er nur so schnaufte. Nicht ganz so erging es dem Kollegen meines Herrls, Karl Windbacher, der mit uns mitgelaufen war, nur hatte er keine Gummistiefel wie mein Herrl an, sondern nur seine normalen Schuhe und die waren patschnass. Dann lag der Flüchtige vor mir auf der Wiese, er hatte vor Erschöpfung nicht mehr weitergekonnt, und der Kollege meines Herrls nahm ihn gleich in Empfang.

Die beiden Männer hatten in ihrem PKW bereits Dieselöl im Wert von 4.176.- Schilling gestohlen, das nun sichergestellt war.

In Gloggnitz hatten am **5. Mai 1986** Herbert G. und Andreas D. einen 22-Jährigen beraubt und dann ermordet. Da aus dem Besitz des Täters verschiedene Gegenstände fehlten, wurde über Auftrag der Tatortgruppe am 7. Mai 1986 zwischen Weißenbach und Gloggnitz Stöberarbeit durchgeführt. Dabei stöberte ich entlang des Erlbaches an der Sportplatzhinterseite und auf dem Alpenbadgelände aus dem Besitz des Opfers eine Toilettentasche, ein Führerscheinetui und Teile eines Motorradinnenhelmes auf.

Wilderer-Einsatz am **17. November 1986** um 17.00 Uhr im Postenbereich Kirchberg am Wechsel. Ein unbekannter Wilderer hatte am Vortag im Oberwald einen Rehbock mit einer Schlinge gefangen und unter Reisig versteckt. Der Rehbock war jedoch vom Aufsichtsjäger gefunden und weggebracht worden. Am Nachmittag hielt der Jäger Vorpass. Als der Wilderer am späten Nachmittag den Bock holen wollte, bemerkte er sofort, dass dieser nicht mehr da war, worauf er sofort flüchten konnte. Nun ging's ums Ganze, fliegender Fährtenansatz am Rande eines Grabens über eine Lichtung, einen schmalen Waldpfad den Berg hinauf, es war bereits stockdunkel, auf einer aufgeforsteten Fläche mehrmals zwischen den Bäumchen im Kreis herum, zu einem Hohlweg, diesen den Berg hinunter Richtung Kirchberg, über eine Wiese in den Hofraum eines Bauernhauses und wieder heraus einen Feldweg entlang, nach circa 500 Metern im rechten Winkel abzweigend über einen Wiesenweg zu einer Häusergruppe bzw. zu deren Eingangstür. Als der Bewohner öffnete, wurde er von mir sofort freudig beschnuppert, er war der Täter. Auch das Muster seiner Schuhsohle passte zu den Abdrücken. Ein alter Wilderer aus Leidenschaft. Sein Freund wohnte im Bauernhaus, in dessen Innenhof wir zuerst gewesen waren. Gefunden wurden 78 Rehkrickerl, 17 Rehgeweihe, 1 Dammhirschgeweih, 1 Eulenfalle, 1 Karabiner M 95 mit 29 Patronen und ein Flobertgewehr mit 625 Schuss Munition.

23. 11. 1987 18.30 Uhr: Einsatz in Reichenau. Nachdem unbekannte Täter in ein Haus eingebrochen waren,

Bargeld, Bettzeug und Lebensmittel gestohlen hatten, wurde vom Besitzer gleich nach seinem Eintreffen der Gendarmerieposten Reichenau verständigt.

Nachdem Ernst Lungenschmid vom Posten Reichenau den Tatort besichtigt hatte, forderte er uns an. Fährtenansatz bei der aufgebrochenen Haustür, über Stiegen den Berg hinauf, im rechten Winkel über eine Wiese in einen Jungwald. Dort in einem Unterstand lagen das gestohlene Bettzeug, Toilettenartikel und Lebensmittel. Der Täter dürfte einige Tage hier geschlafen haben. Die Fährte führte dann über einen Wildzaun in Richtung Kreuzberg-Höhe weiter, und da es bereits stockdunkel war und das Wild andauernd in unserer Nähe aufsprang, wurde die Fährtenarbeit abgebrochen. Bei diesem Einsatz konnten Waren im Wert von 3.800.- Schilling sichergestellt werden.

Am **6. Jänner 1988** gegen 05.00 Uhr war in Gloggnitz, Dittelbachstraße, beim Baucenter ein Einbruch festgestellt und ein Mann, der Richtung Stadtmitte flüchtete, gesehen worden.

Fährtenansatz bei offenem Fenster des Baucenters, um das Hauseck in die Spitalfeldgasse, dort fand ich eine Taschenlampe, die der Täter auf der Flucht weggeworfen hatte, weiter in die Ruppgasse, von dieser in die Wienerstraße Richtung Stadtmitte bis zum Haus Nr. 15. In unmittelbarer Nähe konnte der Einbrecher festgenommen werden.

Bei einer anschließenden Beweismittelsuche auf dem Firmengelände konnte noch ein Sack mit Diebsgut gefunden werden. Der Wert der sichergestellten Waren betrug 21.480.- Schilling. Ein Mittäter wurde in der Wohnung des Festgenommenen gestellt.

Seit kurzer Zeit hatte ich Beschwerden am rechten Hinterlauf, sodass ich zeitweise hinkte. Besonders beim Aufstehen hatte ich Schmerzen, worauf mir vom Tierarzt eine Rumalon-Injektionskur verordnet wurde. Danach ging es mir wieder besser.

22. 5. 1988 13.00 Uhr: Von einem Mann, der im Gemeindegebiet von Raach am Nordhang des Raachberges Maiglöckchen pflücken war, wurde mit dem Fernglas neben einem Baum ein vermutlich Toter gesehen, worauf er wie der Blitz den Raachberg verließ.

Nach seinen Angaben befand sich der Tote circa 50 m unterhalb eines Forstweges.

Stöberarbeit, da die Leiche an der angegebenen Stelle nicht gefunden werden konnte. Der Tote wurde dann 500 m entfernt gefunden. Er war bereits teilweise skelettiert. Er konnte jedoch als der seit Oktober abgängige Karl Sch. aus Gloggnitz identifiziert werden. Er hatte sich an einem Strauch erhängt, daher die fast sitzende Stellung. Ein Fremdverschulden konnte nicht festgestellt werden.

Im September erlitt ich eine Knochenverstopfung, die mir sehr zu schaffen machte. Nach vier Behandlungen hatte ich sie aber gut überstanden.

14. und 15. 11. 1988 Großfahndung – der Sachbearbeiter für Diensthundewesen beim LGK für NÖ, Rudolf Bugl beorderte uns nach Gaden. Stöberarbeit im Gebiet des Anninger nach dem flüchtigen Bankräuber mit der Reagan-Maske, Johann Kastenberger. Durchsuchung eines Hauses in Gaden: Stöberarbeit im Gebiet des Anninger. Durchsuchung von Jagdhütten, Futterbunker und Hochständen, negativ.

Kastenberger konnte aus dem Waldgebiet herausgetrieben werden. Er wurde auf der Flucht von einer Polizeipatrouille auf der Autobahn bei St. Pölten erschossen.

Über meinen Diensthund Dingo

Da er immer beim Aufstehen und Niederlegen starke Schmerzen hatte, meldete ich dies, als für ihn Verantwortlicher, der Diensthundeabteilung in Wien. Ich bekam die Bewilligung, mit ihm nach Baden in eine Klinik zu fahren, um Röntgenaufnahmen zu machen. Der Tierarzt stellte fest, dass seine beiden letzten Rückenwirbel stark abgenützt waren und er außerdem eine alte Verletzung daran hatte. Er verschrieb meinem Hund eine Infektionskur, und während dieser durfte er keinen Dienst verrichten.

Nachdem Dingo im **Dezember 1988** und in den Monaten Februar, März und April wegen seiner Lahmheit in Behandlung gewesen war, wurde vom Tierarzt folgendes ärztliches Attest ausgestellt:

Als behandelnder Tierarzt wurde mir der Diensthund vor zirka einem halben Jahr mit Schwächen in der Nachhand vorgestellt. Durch völlige Außerdienststellung und längere Behandlung konnte der Hund ohne Lahmheit wieder gehen. Nach mehreren schweren Einsätzen wurde mir der Hund abermals mit Lahmheit am rechten Hinterlauf gezeigt. Die Röntgenuntersuchung brachte schwere Abnützungen im ganzen Wirbelbereich, und durch Ruhigstellung verbesserte sich das Krankheitsbild

Ich halte es für notwendig, den Diensthund „Ferry vom Schwadorfer Schloss", genannt Dingo, außer Dienst zu stellen, da es bei der Arbeit durch die schweren Arthrosen im Rückenbereich immer wieder zu Lahmheiten kommt und es für den Hund besser ist, beim Hundeführer sein Gnadenbrot zu bekommen.

Nun musste ich diesen Befund natürlich meinem Vorgesetzten melden, aber nun soll doch wieder Dingo an der Reihe sein.

Dingo

Am **1. Mai 1989** gab mein Herrl seine Meldung ab und erhielt sofort die mündliche Bewilligung, dass er sich nach einem jungen Nachfolger für mich umsehen dürfte. Ich versah aber meinen Dienst weiter und ließ an meiner Einsatzfreudigkeit nichts missen, obwohl ich öfters starke Schmerzen hatte, aber die Hauptsache war, ich ließ mein Herrl nicht im Stich, waren wir doch die besten Kameraden.

Meine Lahmheit wurde leider wieder etwas schlechter, ich sollte mich schonen, was aber nicht immer leicht war, hatte ich doch die meisten Einsätze der Gendarmeriediensthunde. Mein Herrl musste darüber natürlich wieder eine Meldung an seine vorgesetzte Dienststelle machen. Was würde mit mir geschehen, konnte ich in Pension gehen oder was sonst? Einer Sache war ich mir sicher, mein Herrl würde mich bestimmt nicht weggeben, geschweige denn einschläfern, waren wir doch die besten Kameraden und ich würde bestimmt jederzeit mein Leben für mein Herrl geben. So war ich gewiss, dass auch er mich nicht weggeben würde. Nun, es kam, wie es der Lauf des Lebens vorschreibt, mein Herrl erhielt von unserem Landeschef der Kriminalabteilung, Hauptmann Franz Polzer, ein Befürwortungsschreiben an das Zentralkommando, sodass er sofort einen Junghund bewilligt bekam, damit ich auf Kosten meines Herrls in Pension gehen konnte.

Bereits am Pfingstsamstag war es dann so weit. Am Vormittag wurde ein sechs Monate alter Hund meiner Rasse bei uns abgegeben. Ein Bekannter meines Herrls, der Alois Stoppacher hatte ihn aus Deutschland gebracht. Er, Icke vom Baiselberg, hatte längere Haare als ich und war natürlich noch sehr verspielt. Hatte ich vorher meine Ruhe gehabt, so musste ich nun immer mit dem Kerl herumtollen. Aber auch mein Herrl war nicht zu beneiden, musste er jetzt doch mit drei von unserer Sorte auskommen, was auch nicht immer ganz einfach war. Solange er aber mit dem Icke arbeitete, hatte ich meine Ruhe vor dem Neuen, was auch ein Vorteil für mich war. Der Alex, unser Haus- und Hofhund, schlief ja die meiste Zeit und wollte selbst seine Ruhe haben.

15. 6. 1990 12.45 Uhr, Posten Schwarzau im Gebirge. Gegen 11.00 Uhr hatte ein unbekannter Täter auf dem Reißtalparkplatz in Hinternaßwald bei einem PKW mit einem Stein die Scheibe eingeschlagen und aus dem Wagen eine Ledertasche samt Geldbörse, Fahrzeugpapieren, Reisepass und Schlüsselbund gestohlen.

Bei der Fährtenarbeit konnte keine Spur aufgenommen werden, so wurde Stöberarbeit nach der Tasche durchgeführt, da vermutet wurde, dass der Täter nur das Geld an sich genommen hatte. Die nähere und weitere Umgebung des Parkplatzes wurde durchstöbert. Als mein Herrl bereits resignierte und ging, fand ich die Tasche und brachte sie meinem Herrl nach. Er konnte es nicht fassen, als ich mit der Tasche im Fang vor ihm stand, und hätte mich vor lauter Freude fast erdrückt. Aus der Tasche war wirklich nur das Geld genommen worden. Die Leute hatten ihre Papiere und Schlüssel wieder, worüber sie sehr froh waren.

25. 7. 1990 Mittwoch, ein Tag wie jeder andere auch, und doch sollte es mein letzter werden. Nur wussten es weder mein Herrl noch ich. Was hätten wir sonst anders gemacht?

Ja, und so kann nur ich, sein Herrl, die Geschichte zu Ende erzählen:

MELDUNG: Gendarmeriediensthund Ferry vom Schwadorfer Schloss, genannt Dingo, durch Magendrehung verendet.

Am 25. Juli 1990 gegen 23.30 Uhr bemerkte ich, dass der GDH Ferry vom Schwadorfer Schloss, genannt Dingo, in meinem Garten in 2640 Gloggnitz mehrmals erbrechen musste. Ich verständigte sofort den Tierarzt Dr. Kampichler in 2640 Gloggnitz. Da ich gleich nach dem Telefongespräch bemerkte, dass sich der Bauch des Hundes stark aufblähte, fuhr ich mit dem Hund sofort zum vorangeführten Tierarzt. Dr. Kampichler stellte eine

Dingos letzter Einsatz mit Autor Fritz Brettner

Icke vom Baiselberg, der Nachfolge-Hund des Autors

Magendrehung fest und leitete eine Notoperation ein. Im Laufe der Operation verendete der Diensthund am 26. Juli 1990 um 00.30 Uhr.

In seinem Befund führte der Tierarzt später an: Durch den extremen Druck der Magengase auf das Zwerchfell erstickte der Hund und war nicht mehr zu retten.

Was hatte dieser Diensthund alles geleistet und dann dieses Ende!
- 661 Einsätze, davon:
- 163 Fährteneinsätze
- 55 Stöbereinsätze
- 66 Personen- und Objektschutzeinsätze
- 22 Suchaktionen nach Abgängigen
- 60 Erfolge
- 4 Menschenleben gerettet

Der Wert des zustande gebrachten Gutes betrug in etwa 279.249.- Schilling.

Wer glaubt, ein Hund kann nicht trauern, der müsste meinen Alex gesehen haben. Drei Tage und Nächte suchte er immer wieder seinen Dingo, im Keller und im Garten, wo dieser zuletzt gelegen hatte. Dabei heulte er herzzerreißend. Unseren Schmerz zu beschreiben erübrigt sich, denn alle, die selbst jemals einen so treuen Gefährten verloren haben, verstehen mich, und die, die noch nie einen Hund gehabt haben, werden das nie verstehen.

Aber die Zeit bleibt nicht stehen, und so steht jetzt **ICKE vom BAISELBERG** bei jedem Einsatz an meiner Seite.

16. 4. 1992 Fährten- und Stöbereinsatz nach zwei Einbruchsdiebstählen in Einfamilienhäuser in Erlach, wo Schmuck, Wertgegenstände und Bargeld gestohlen wurden. Zwei Täter wurden bemerkt, konnten aber ohne Beute flüchten.

BezInsp. Friedrich Brettner mit Diensthund Icke verabschiedet sich in den Ruhestand

Fährtenansatz beim Diebsgut. Nach circa 6 km Fährtenarbeit über Stock und Stein wegen zu starker Wildwechsel Fährtenarbeit eingestellt.

Dann konnte der Täter in den Wald flüchtend gesehen werden. Da eine Suchkette nichts gefunden hatte, ließ ich den Diensthund frei laufend stöbern. Nach kurzer Zeit stellte er den Täter. Dieser hatte sich unter dichten Fichtenzweigen versteckt.

Nach seiner Festnahme konnten wir in der Flüchtlingsunterkunft in Mönichkirchen vier Mittäter aus Rumänien verhaften.

In deren Wohnung konnte Diebsgut wie Schmuck, Elektrogeräte, Wertgegenstände und Bargeld in der Höhe von circa 300.000.- Schilling sichergestellt werden.

8. 7. 1993 Anforderung aus der Jugendstrafanstalt Gerasdorf. Aus der Strafanstalt ist der wegen Mordes inhaftierte Norbert L. geflüchtet.

Da bereits ein anderer Diensthund und die Justizbeamten die Stelle, wo der Sträfling über die Mauer gesprungen war, untersucht hatten, ließ ich Icke stöbern. Nach kurzer Zeit lief er zu einem zweistöckigen Wohnhaus der Justizbeamten.

Nachdem ich die Eingangstür geöffnet hatte, lief der DH gleich zur Kellerstiege und verwies dort eine Maurerjacke. Da die Kellertüren alle versperrt waren, suchte der DH alle Stockwerke ab, wobei er im 2. Halbstock hinter den Blumen eine Maurerhose und Arbeitshandschuhe verwies. Anschließend zog er mich zu einer eisernen Dachbodenleiter, wo der Flüchtige unter Glaswolle versteckt vom Hund gestellt wurde.

Zwei Erfolgsmeldungen von Icke, der innerhalb von zwei Jahren 194 Einsätze absolvierte, 7 Verhaftungen und 9 angezeigte Personen verzeichnete und Waren im Wert von 321.835.- Schilling sicherstellte.

Wobei auch er treu dem Motto

EINEN BESSEREN FINDEST DU NICHT

mir immer treu zur Seite gestanden ist.

U. li.: NÖ Diensthundereferent Major Franz Polzer, Sachbearbeiter Rudolf Bugl

U. re.: Beamte GP Reichenau: Hr. Lungenschmidt, Hr. Kornberger, DH-Führer Brettner mit DH Icke

Die Diensthundefrage ist nicht nur oder so sehr eine HUNDE-, sondern in ganz besonderem Umfang eine FÜHRERFRAGE.

Der Hundeführer muss ein Seelenkundiger sein, die Hundenase muss ihm unbedingt vertraut sein. Der Hund hat die Nase, aber der Führer muss das „Hirn" sein. Ein Führer ohne Liebe und Hundekenntnis wird mit dem bestgeführten Hund nur Mäßiges leisten, während ein sachkundiger, mit seinem Hund bestens vertrauter Führer selbst mit einem mittelmäßigen Hund noch gute Erfolge erzielen kann. Dies trifft natürlich auch auf die heutigen Polizeihundeführer zu.

Fährtenarbeit mit Icke

DH-Überprüfung auf Flugtauglichkeit

Schutz- u. Fährtenhundekurs mit Bundesabrichter Otto Krippl, Rudolf Putz, Herbert Lackner und Autor Friedrich Brettner

Re. u. unten.: DH-Fünrerkurse

O.: Diensthundestaffel NÖ / Nord

Mi. li.: Diensthundestaffel NÖ / Süd

Mi. re.: Diensthundestaffel NÖ/ West

Diensthundestaffel NÖ/Ost

V. Diensthundeabteilung der Bundespolizeidirektion Wien

Sie ist die Zentralstelle für das Diensthundewesen der Bundespolizeidirektionen in ganz Österreich und zuständig für die Grundausbildung und die Weiterbildung von Hundeführern und Diensthunden.

Der **Kommandant, Polizei-Oberstleutnant Theodor Diethart**, war für alle in Österreich bei der Bundespolizei tätigen Hundeführer und Diensthunde der oberste Chef. In der zentralen Diensthundestation sind acht Beamte als Abrichter und Ausbildner tätig.

Re.: Leiter der Polizeihundestaffel Wien: Oberst Diethart links mit Hundeführer

Der Diensthund, ein treuer Kamerad des Sicherheitswachebeamten – geschrieben in den Zwanzigerjahren. Geändert hat sich seit dieser Zeit einiges, doch vieles hat seine Gültigkeit bewahrt. Unter den vielen Schicksalsgemeinschaften, die die Natur seit vielen tausend Jahren zwischen Mensch und Tier entstehen ließ, ist die Freundschaft zwischen Menschen und dem Hund zweifellos eine der ältesten. Daher beginnt die Geschichte der Wiener Polizeihunde mit **März 1907**, das ist der Tag, an dem der Kommandant des Wachzimmers Ober-Sievering, Sicherheitswacheinspektor Karl Jarmer, aufgrund einer Widmung des Fabrikanten Zacherl, den aus dem Zwinger des königlichen bayrischen Rittmeisters a. D. von Stephanitz stammenden, drei Monate alten Schäferhund Wolf zur polizeilichen Abrichtung übernahm.

Erst mit dem Erlass der Polizeidirektion vom **10. Jänner 1908** wurden die Hunde Flora und Lux offiziell in den Dienststand der Polizeidirektion übernommen. Der Polizeidienst blieb vielmehr den schon vorhandenen Diensthunden beziehungsweise den bis dahin anerkannten Diensthunderassen, dem Deutschen Schäferhund, dem Airedale-Terrier und dem Dobermann, vorbehalten.

So trat die Polizeidirektion Ende Februar **1909** mit dem Antrag auf Genehmigung der Einstellung von Diensthunden an die niederösterreichische Statthalterei und durch diese an das Ministerium des Inneren heran. Mit Erlass des Ministeriums des Inneren vom 8. August 1909 wurde der Polizeidirektion die formale Bewilligung zur Einstellung einiger Diensthunde erteilt und solcherart die Verwendung von Diensthunden bei der Polizeidirektion Wien sanktioniert. Die Organisation des Ausbaues wurde vom Polizeipräsidenten Brezowsky, dem damaligen Zentralinspektor Baron Gorun und von diesem dem Oberinspektor Dr. Pamer übertragen. Als Sachverständiger stand diesem in der Person des Tierarztes Dr. Dasch ein Hundefachmann von Rang und Ruf zur Seite.

1911 hatte die Polizeidirektion Wien 16 Diensthunde im Einsatz. Dann kamen die Zeit des Ersten Weltkrieges und die Nachkriegszeit. Der Ernährungsstand der Hunde und ihrer Führer war erbärmlich. Die Tiere waren abgemagert bis auf das Skelett. Mit dem Erlass der Polizeidirektion vom **19. Oktober 1922**, dem traurigsten Dokument in der Geschichte der Diensthunde, wurden 18 von 24 Diensthunden dem Abbau geopfert. Sechs Hunde blieben der Diensthundeabteilung erhalten.

Am **4. Oktober 1945** ordnete Polizeipräsident Schober den Wiederaufbau des Diensthundewesens an. Unter der Führung des Sicherheitswacheoberkommissärs Nausch wurden 23 Sicherheitswachebeamte in der Zeit von 9. Dezember 1925 bis 1. Dezember 1926 zu Hundeführern ausgebildet und 15 Diensthunde angekauft. In dieser Zeit wurde in der Wagramer Straße hinter dem Gebäude des Wachzimmers Schießstätte die Zwingeranlage durch die Lehrgangsteilnehmer aufgebaut. Aber auch in Obersievering wurde ein Diensthundezwinger errichtet. 11 Hundeführer versahen von hier aus ihren Dienst, während 12 Hundeführer in der Wagramer Straße blieben. Nun kam man auch zu der Erkenntnis, dass die Hunde unter dem Zwang der Kasernierung litten. Daher ging man daran, den Hund einem bestimmten Führer zuzuteilen und ihn in dessen Haushalt einzugliedern. Führer und Hund in einer Familiengemeinschaft beisammen ergaben ein ausgezeichnet eingespieltes Team. Die ständige Verbundenheit der Hunde mit ihren Führern hatte sich so bewährt, dass auch die Erfolge anstiegen und ihr Beliebtheitsgrad bei der Wiener Bevölkerung sehr hoch war.

Auch am Laaerberg und in Speising wurden nun Diensthundewachzimmer errichtet. **1929** gab es in Wien 44 Diensthunde. **1932** kam die nächste Krise, von 12 Hundeführern musste man sich trennen.

In den Dreißigerjahren war der beste Hund Doyan, ein Deutscher Schäfer, der als Fährtenhund besondere Erfolge erzielte. Nach einem dreifachen Raubmord am Semmering konnte nach Ausarbeitung einer 10 Kilometer langen Fährte der Täter, ein Schottwiener, überführt werden. Doyan ermöglichte auch die Klärung eines Diebstahles von 1 Million Schilling, und bei einem anderen Diebstahl konnten durch seine Arbeit 114.000 Zigaretten gefunden werden.

1938, nach dem „Anschluss" an das Deutsche Reich, wurde der Kommandant der Diensthundeabteilung Nausch zur Einschulung für eine neue Abrichte-Methode nach Grünheide in Deutschland beordert.

Nach dieser Einschulung wurde im Oktober die neue Abrichtevorschrift des Oberstleutnants Belleville eingeführt. Alle sechs Wochen wurden nun zwanzig bis fünfundzwanzig Teilnehmer von Polizei, Zoll und Gendarmerie einberufen und in den wichtigsten Sparten der Abrichtung geschult. Da viele Hunde im Kriegseinsatz waren, war es sehr schwer, gutes Hundematerial zu bekommen. Ein Großteil der Hundeführer war in den von den Deutschen besetzten Gebieten eingesetzt. Die Polizei-Diensthundeabteilung hatte sechs Opfer zu beklagen.

Am **25. Juni 1945** wurde von der Polizeidirektion Wien der damalige Bezirksinspektor Franz Kerngast, der schon seit 1913 Hundeführer war, mit der Neuaufstellung der Diensthundeabteilung beauftragt. Kerngast stand vor dem Nichts, Zwingeranlagen und Möbel waren zerstört. Das in einer Handkasse vergrabene Geld (1.000 Reichsmark) und die Unterlagen waren gestohlen worden. Neue Unterlagen über Abrichtung und die dienstlichen Belange der Hundeführer mussten neu erstellt werden. Am schwersten war es aber, brauchbare Hunde zu bekommen. Der seinerzeitige Kommandant der Wehrmachtshundeersatzstaffel, Hauptmann Huemer, hatte sich 1945 vor den Kämpfen um Wien mit den Hunden nach Oberösterreich abgesetzt. 22 Hunde hatten sich in der Zwingeranlage Wagramer Straße befunden. Beim Herannahen der Kampftruppen wurden zehn Hunde an Privatpersonen abgegeben, weitere zwölf Hunde wurden von der Hundewärterin Obermaier bis zur letzten Minute betreut und dann in Freiheit gesetzt. Kerngast gelang es, einen Großteil der Hunde in der Umgebung von Linz bei einem Bauern aufzuspüren.

Am **10. Jänner 1946** begann der 1. Hundeführerlehrgang, an dem acht Polizeibeamte und vier Gendarmen teilnahmen. Ab 20. Mai 1946 konnten schon ausgebildete Diensthunde zu Einsätzen abkommandiert werden. Die Abteilungskanzlei wurde im Oktober 1948 in die Wagramer Straße verlegt. Dort befand sich ab nun die Diensthundeabteilung mit der Kanzlei des Abrichteleiters. Die Hundeführer und der Futtermeister sowie die Hundepflegerin Obermaier waren im Zwingergebäude untergebracht. Obermaier war für die Fütterung und das Wohlergehen der Hunde zuständig, sorgte aber natürlich auch für die Hundeführer. Der Futtermeister war für die Besorgung des Futters zuständig, eine Aufgabe, die damals nicht leicht war, da es ja selbst für die Menschen nicht viel zu essen gab. Die Hunde bekamen damals täglich jeweils ein halbes Kilo Fleisch, mit Maisgrieß (Polenta) gestreckt, auf zwei Mahlzeiten aufgeteilt. Später wurden Vorführungen der Diensthunde abgehalten, um den Ausbildungsstand zu zeigen.

1959 wurde in Wien Strebersdorf ein Gebiet von 182.000 Quadratkilometern für eine neue Diensthundeabteilung zur Verfügung gestellt. Anfang 1964 wurde die neue Diensthundeabteilung bezogen. Während des Zweiten Weltkrieges waren auf dem Gelände verschiedene Lager gewesen und aus diesem Grund war es besonders oft bombardiert worden. Auf dem Gelände waren hundert Bombentrichter und es sah aus wie eine Mondlandschaft. Keiner konnte sich vorstellen, dass auf diesem Gelände Hunde abgerichtet werden sollen. Nun, an der Kultivierung des Geländes arbeiteten dann die gesamten Hundeführer, unterstützt von Pionieren des Bundesheeres, und es wurden auch noch zahlreiche Bäume und Sträucher gesetzt.

Anlässlich des Jubiläums 100 Jahre Sicherheitswache wurde wieder eine Vorführung durch die Diensthundeabteilung im Rahmen des Tages der offenen Tür dargeboten.

Unter Kommandant Major Jaksch und Abrichteleiter Aschenwald waren 45 Hundeführer aus ganz Wien eingesetzt. Der Zweck war, die Bevölkerung mit der Tätigkeit der Diensthunde vertraut zu machen. Von diesen Vorführungen schwärmen heute noch die Leute.

Unter dem Kommando von Oberst Neuwirth wurde die Leistungsfeststellung für Diensthunde bei allen Bundespolizei-Direktionen in ganz Österreich eingeführt. Er organisierte die Weiterbildung und reformierte zusammen mit Abrichteleitern und Abrichtern die ganze Ausbildung und brachte eine neue Abrichtevorschrift heraus.

Im Rahmen einer Aktion der Entwicklungshilfe wurde eine Suchtgiftgruppe in Sri Lanka ausgebildet, wozu allesamt Hundematerial von der Diensthundeabteilung organisiert wurde. Im Oktober 1984 flog man mit zwölf Hunden über Oman nach Sri Lanka und kam erst im Dezember 1984 nach vollbrachter Ausbildung wieder zurück. In dieser Zeit begann dort der Bürgerkrieg und die drei Beamten Neuwirth, Leitzinger und Miltner waren mit dem Krieg direkt konfrontiert. In der Folge kamen dann die Beamten nach Wien. Die zweite Aktion erfolgte auf Cabo Verde im Jahr 1989 durch die Beamten Leitzinger und Fichtenbauer. Durch diese Auslandstätigkeit wurde man auch bei den Vereinten Nationen aufmerksam und die Sicherheitskonferenz besichtigte im Jahr 1990 die Diensthundeabteilung.

Die Diensthundeabteilung führt in Wien und den Bundesländern mit Stand von 1992 zirka 160 Diensthundeführer mit Diensthunden. Allein in der Bundeshauptstadt Wien versehen 100 Hundeführer mit ihren Hunden Dienst, wobei 20 Hundeführer rund um die Uhr im Einsatz sind.

Lebenslauf eines österreichischen Polizeidiensthundes

Dokumentiert in der Bundespolizeidirektion Wien: Ich kam am 8. Juni 1966 in der Polizei-Diensthundeabteilung zur Welt. Meine Eltern waren der Diensthund Ingo von Hermeshall und Onny vom Haus Trieb. Zusammen mit einigen anderen Geschwistern wurden wir von einem alten brummigen Mann untersucht. Er erklärte, ich müsste umgebracht werden, da ich das schwächste der Geschwister sei und außerdem die Haarfarbe nicht passe. Dagegen erhob aber der Geburtshelfer meiner Mutter Einspruch und drang damit auch durch.

Ich bekam den Namen Enzo aus dem Franz-Josef-Land. Das ist der Zwingername der Diensthundeabteilung und stammt aus der Zeit, als die Zwinger noch in der Wagramer Straße standen. Diese Gegend wurde Franz-Josef-Land genannt. Nun lag ich also zwischen meinen Geschwistern und wusste nicht, wie mir geschah. Meine Mutter leckte mich andauernd, um die Verdauung und den Stoffwechsel anzuregen, und hatte damit einen durchschlagenden Erfolg. Nicht zuletzt deshalb, weil wir ununterbrochen gefüttert wurden. Unser Wärter Franz Schnitzer, von allen Opa genannt, hatte schon unzählige Welpen aufgezogen. Nach dem Frühstück wurden wir umgesperrt und unser Zimmer wurde gereinigt. Am Nachmittag wurden wir gewogen, und wenn das Gewicht nicht stimmte, gleich wieder gefüttert. Wir hatten ein herrliches Leben. Alle Augenblicke kam jemand vorbei, um mit uns zu spielen. Die Leute, mit denen wir zu tun hatten, waren alle gleich gekleidet und nannten sich Polizeibeamte. Als wir bereits eine stattliche Größe erreicht hatten, von der Mutter getrennt lebten und uns auch untereinander nicht mehr so gut verstanden, bekamen wir jeder ein Zimmer für sich allein.

Eines Tages im Mai kam ein junger Mann, holte mich aus meinem Zwinger und ging mit mir auf eine große Wiese, wo sich viele Leute befanden. Ich war natürlich verschüchtert und getraute mich nicht zu gehen, noch dazu riss der Mann an der Leine und verängstigte mich noch mehr. Dann aber durfte ich mit meinen Brüdern und älteren Kollegen in Marschordnung auf der Wiese gehen. Die Leute dürften so begeistert gewesen sein, dass sie laut in die Hände klatschten.

Ich war nun ein Jahr alt und sollte schon ein Diensthund werden. Ich war gespannt auf meinen Führer. Nun, ich brauchte nicht allzu lange warten. Wie erstaunt war ich, als ich von dem Mann aus dem Zwinger geholt wurde, der mich schon einmal herumgeführt hatte. Ich werde jetzt jeden Tag auf die Wiese gebracht, auf der dieser Mann mir Befehle zuschrie und gleichzeitig an der Leine herumriss, sodass mir gar nichts anderes übrig blieb, als mich zu fügen. Auch musste ich Spuren verfolgen, Gegenstände suchen und meinem Führer bringen. Eines Tages sollte ich einen verkleideten Menschen beißen. Das ist doch Unfug. Er hatte mir ja nichts getan, also warum sollte ich es tun? Da wurde mein Führer zornig, band mich an einen Baum und schlug mich. Dann kam ein anderer Mann und machte dasselbe. Das machte mich zornig und ich beschloss, jeden, der einen Stock bei sich trug, zu beißen. Das gefiel meinem Führer und er behandelte mich sehr freundlich. Ich durfte nun schon öfter in die Wohnung meines Führers mitkommen.

Eines Tages ging er mit mir auf eine Wiese und verstreute dort viele Gegenstände, von denen einer intensiv roch. Als ich diesen Gegenstand meinem Herrn brachte, freute er sich, als hätte ich ihm das Leben gerettet. Immer wenn ich einen solchen riechenden Gegenstand fand, bekam ich Leckereien. So holte ich solche Gegenstände aus den unmöglichsten Verstecken, auch aus den Taschen von anderen Leuten.

Dann kamen Leute, um mich zu fotografieren – ich war plötzlich eine Berühmtheit – ich war der erste SUCHTGIFTSPÜRHUND in Österreich.

Alle meine Tätigkeiten wurden von meinem Herrn aufgezeichnet und dann als Grundlage für die Ausbildung meiner Nachfolger verwendet. Zusammen mit meinem Führer habe ich vieles gesehen und erlebt.

Dann durfte ich im 16. Bezirk Streifendienst machen. Das war sehr schön, denn ich konnte sehr viel spazieren gehen. Arbeit hatte ich fast keine, denn meine stattliche Erscheinung schreckte die Ganoven wirksam ab. Eines Tages wurden wir von Ottakring abberufen und fuhren mit dem Auto kreuz und quer durch Wien. Nun war es nicht mehr so ruhig wie früher, denn ich musste auf festgenommene Ganoven aufpassen oder bei Einbrüchen die noch anwesenden Täter stellen. Einmal hatte ich in einem Pensionistenheim zwei Autodiebe gestellt, und als wir mit den blutenden Übeltätern zurückkamen, glaubten die Leute, ich hätte sie gebissen, dabei hatten sie sich auf der Flucht über eine Baustelle verletzt. Es gelang mir, Leute zu finden, nach denen schon die ganze Umgebung abgesucht worden war. Bei mir gab es kein Entrinnen für diese Burschen. Dabei war ich zu Hause zu meinen Freunden, Meerschweinchen und Sittich, sehr gutmütig. In einer Freitagnacht gab es Einbruchsalarm bei einer Firma im 18. Bezirk. Alles, was Rang und Namen hatte, fuhr dorthin. Da sich hinter dem Bürohaus ein unwegsames Gartengelände bis zum Sternwartepark erstreckte, wurden auch Hunde angefordert. Schon beim Eintreffen wurden wir von den Kollegen der Kripo eher abweisend empfangen. Ohne uns an den Tatort zu lassen, schickte man uns sofort durch das Fenster in den Garten. Dort stolperte ich, da ich ja der Jüngste war, etwa eine halbe Stunde völlig sinnlos durch die Gegend. Schließlich fand ich einen Ausgang im Zaun, benutzte diesen und kehrte unverrichteter Dinge zum Einsatzort zurück. Dort wurde meinem Herrl erklärt, dass die ganze Mannschaft schon weggefahren sei, da man ohnehin alles durchsucht und nichts gefunden hatte. Die Sache ließ uns keine Ruhe. Wir suchten in den Nachbarhäusern weiter. Mein Herrl leinte mich ab und feuerte mich an, den Hof zu durchsuchen. Kurz darauf hatte ich die Täter gestellt.

Sie hatten sich in einen Spalt zwischen einigen Möbelwagen und der Hausmauer des Nachbarhauses gezwängt und waren über eine Mauer in einen Lichthof geklettert, von dem sie nicht wegkonnten. Als dann die Kriminalbeamten die beiden abholten, hatte man doch den Eindruck, dass sie ihre Meinung über Diensthunde ein wenig revidiert hatten.

Bei meinem Herrl zu Hause ist es mir immer gut gegangen. Als ich dann immer älter wurde und meinen Dienst nicht mehr so recht versehen konnte, kam mein Herrl plötzlich mit einem kleinen Schäferhund nach Hause. Er war circa vier Monate alt und ein richtiger Rabauke. Es schmerzte mich sehr, dass sich alle um den Kleinen kümmerten und kaum jemand um mich. Mein Herrl versuchte zwar, gerecht zu sein, aber es fiel ihm nicht immer leicht und er vergaß immer wieder auf mich. Da der junge Bursche immer ungestümer wurde, biss ich ihn. Damit verscherzte ich es mir mit meinem Herrn ganz, und der Junge wurde immer öfter in den Dienst mitgenommen, bis ich eines Tages zu Hause bleiben musste und nur mehr der Junge mitfahren durfte. Er hieß „Ulf aus dem Franz-Josef-Land" und war im Unterschied zu mir fast schwarz. Ich hoffe, dass es meinem Herrn gelingt, dieses scharfen, unverschämten Tieres Herr zu werden. Wenn ich nicht mehr dabei bin, kann ihm niemand mehr helfen.

Mein Herrl wurde dann Gartenbesitzer und wir konnten in den Sommermonaten in den Garten ziehen. Leider erlebte ich diese Annehmlichkeit nur einen Sommer lang, denn mein Herrl gab mich einem Bekannten, den ich gut kannte. Mein neues Herrl gab mir zwar alles und nahm mich auf Schritt und Tritt mit, aber mein altes Herrl vermisste ich doch sehr. Dann wurde ich bei einem Verkehrsunfall verletzt. Seitdem kann ich kaum laufen. Jetzt kann ich mich fast nicht mehr rühren und fühle, dass es mit mir zu Ende geht.

Enzo starb im März 1980 im 13. Lebensjahr an einem Lungeninfarkt innerhalb von zehn Minuten in der Wohnung seines letzten Herrn.

Ulf aus dem Franz-Josef-Land schildert einen seiner ersten Einsätze

Etwa um 02.00 Uhr kam über Funk die Aufforderung, im Bereich des Exelberges nach einem flüchtigen Lenker zu suchen. Dieser war durch weite Bereiche Wiens verfolgt worden, ehe er dann in einer Kurve kurz vor der Auffahrt zur Schießstätte von der Fahrbahn abkam und zu Fuß weiterflüchtete. Nachdem die ersten Verfolger nichts gefunden hatten, gab man auch meinem Hundeführer die Richtung bekannt, in der er am besten suchen sollte. Doch auf allen angeblichen Fluchtrichtungen war die Suche trotz allen Elans früher oder später zu

Ende, und ich zog zum Wagen zurück. Erst ärgerte sich mein Herrl darüber, dann aber resignierten wir beide und machten uns auf den Rückweg. Ich lief voraus, wurde plötzlich an jener zuerst genannten Stelle steif und lief dann sehr schnell in eine ganz andere Richtung. Da ein schneller Erfolg ohnehin nicht mehr in Sicht war, dachte sich mein Hundeführer, ich müsse mal, lief mir aber doch nach, um mich nicht aus den Augen zu verlieren. Ich überquerte einen dichten Gebüschstreifen mit mehreren Löchern, verharrte plötzlich und knurrte. Als mein Hundeführer an dieser Stelle nachsah, fand er einen Holzpantoffel. Kurz darauf wiederholte sich das Geschehen, und nach etwa zwanzig Metern fand mein Hundeführer den zweiten Schuh. Anschließend ging es über eine Wiese, und im Mondlicht konnte man alles deutlich erkennen. Mein Hundeführer versuchte den fünfzig Meter vor ihm laufenden Täter einzuholen, der sich mit gleichbleibender Geschwindigkeit in Richtung 17. Bezirk, Amundsenstraße, bewegte. Über Funk gab mein Herrl die Fluchtrichtung und Beschreibung des Täters durch, und kurz darauf konnte dieser von einer Patrouille festgenommen werden. Es ist nicht immer notwendig, dass wir Diensthunde bis zur Wohnungstür des Täters führen, um diesen zu überführen. Durch Kombination, Überlegung und Zusammenarbeit kann der Erfolg auch dann herbeigeführt werden, wenn genügend Informationen vorliegen.

Aber nun habe ich das Bedürfnis, meine Schnauze geruhsam auf die Vorderpfoten zu legen und vor mich hinzudösen – vielleicht geruht mein Herrl weiterzuerzählen – siehe da:

Er wird gesprächig und gibt die Geschichte seines Kollegen Günter Kotisch in dessen eigenen Worten zum Besten – geradeso, als ob er es selbst erlebt hätte:

Vom Handschuh zur Verurteilung

Noch vor gar nicht langer Zeit wurden während der Grundausbildung zum Schutz- und Stöberhund auch Fährtenarbeit und Identifizieren geübt.

Identifizieren ist das Auffinden geruchsübereinstimmender Paare, sei es Mensch oder Gegenstand. Da aber gerade diese Sparte kaum benötigt wurde, verkümmerte der Drang, diese Übungen fortzuführen, und daher wurden sie später ganz eingestellt.

Wie immer, wenn man nicht damit rechnet, kam es eines Tages kurz vor Dienstschluss nach einer recht turbulenten Nacht dazu, dass der Funkwagen Tasso 4 vom Bezirkspolizei- Kommissariat Währung angefordert wurde, da man den Einsatz von Diensthunden zum Zweck der Identifizierung benötigte. Mein Einwand, das sei doch die Aufgabe eines ausgebildeten Fährtenhundes, wurde vom damaligen Dienstführenden der Hundeabteilung damit entkräftet, dass er meinte, jeder Hund würde dahingehend ausgebildet und außerdem sei kein Fährtenhund greifbar.

Wir machten uns auf den Weg in den 18. Bezirk. Dort angelangt, wurden wir vorerst mit dem Sachverhalt vertraut gemacht. Im Gastarbeitermilieu war es zu einem Einbruch gekommen, und am Tatort war ein Handschuh gefunden worden, der nach Angabe verschiedener Zeugen einem Bekannten des Bestohlenen gehören sollte. Dieser Beschuldigte war festgenommen worden und befand sich im Wachzimmer. Die Kollegen der Kripo hatten gute Arbeit geleistet und den gefundenen Handschuh vorsichtig in eine Plastiktüte gegeben und ihn bis zu unserem Eintreffen nicht mehr herausgenommen. Die Kollegen wurden also ersucht, sechs bis acht Handschuhe zur Verfügung zu stellen. Diese wurden dann in einer Reihe aufgelegt, und dazwischen, ohne dass er berührt wurde, wurde der Handschuh des vermutlichen Täters platziert. Anschließend ließ mein Kollege seinen Hund an der Person des Beschuldigten die Witterung aufnehmen. Dabei kam es beinahe zu einer Bissverletzung und der Versuch musste mit einem Kleidungsstück wiederholt werden. Nach dieser Einwitterung wurde der Hund über die Reihe der Handschuhe geschickt und ihm das entsprechende Hör- und Sichtzeichen gegeben. Der Polizeidiensthund Rex verwies nach kurzer anfänglicher Unsicherheit den richtigen Handschuh. Nun wollten wir den Versuch wiederholen, doch das aufgeregte Tier benahm sich derart ungebärdig, dass es nicht mehr möglich war.

Ich holte daher meinen Hund Ulf und wiederholte den beschriebenen Vorgang und auch mein Hund brachte mir den betreffenden Handschuh. Um aber eventuelle Unsicherheiten ganz auszuräumen, nahm ich jetzt den Handschuh und ließ Ulf an diesem Witterung aufnehmen. Anschließend ließ ich den Hund mit Maulkorb zu der Menschengruppe, die aus mehreren Wachebeamten, einigen Kriminalbeamten, etwa fünf Jugoslawen und eben dem Beschuldigten bestand. Alle Anwesenden waren mehr oder weniger nervös und einigen war die Angst anzusehen. Nur der Beschuldigte saß auf einer Bank und schien teilnahmslos. Obwohl normalerweise Hunde die Angst als Herausforderung ansehen, interessierte sich der Diensthund in diesem Fall überhaupt nicht für die schwitzenden Gastarbeiter, sondern fiel nach kurzer Runde sofort den ruhig dasitzenden Mann an. Er wiederholte dies auch bei einem zweiten Versuch, bei dem der Mann inmitten der Gastarbeiter stand.

Auch hier lernte ich viel dazu. Hunde reagieren nun einmal nicht so wie Menschen, und man sollte sich auf die Feinfühligkeit von Hunden immer mehr verlassen als auf die beste Menschenkenntnis. Wer mit Tieren lebt, erlebt viel. Wenn man die 25 Jahre so überblickt, die im Zusammenleben mit Hunden im engsten familiären Kreis vergangen sind, muss man sich eingestehen, dass jeder Hund eine eigene Persönlichkeit ist und dass sich nicht nur der Hund an den Herrn gewöhnt, sondern auch umgekehrt. Doch bei aller Innigkeit konnte man nie sicher sein, dass die Reaktion des Tieres so erfolgt, wie es sich der Mensch wünscht oder vorstellt. Wie wäre es sonst möglich gewesen, dass ein Hund, der vom Führer als total verkehrssicher angesehen wurde, plötzlich in geradezu selbstmörderischer Absicht hinter einen Lastwagen läuft und versucht, diesem in die Reifen zu beißen? Auch die verschiedenen Verletzungen, die Hundeführer von ihren eigenen Tieren zugefügt bekommen, sind nicht immer durch falsches Verhalten des Menschen verursacht. Unerkannte Krankheiten, Schmerzen oder Gemütsbewegungen können in einem Hundehirn Reaktionen erzeugen, über die sich nur Laien wundern. Wie oft ist bei Tieren festzustellen, dass Ausländer, Behinderte oder Landstreicher (Sandler) bevorzugte Angriffsobjekte für Hunde sind! Auch Briefträger haben eine eigene Anziehungskraft, die nicht nur in der Uniform liegen kann, da auch Diensthunde eines uniformierten Polizisten auf Briefträger losgehen. Sicher wird hier die Angst des Betreffenden eine große Rolle spielen. Trotz der vielen Probleme, die auftraten, möchte ich die Zeit als Hundeführer nicht missen, sie war die schönste in meiner gesamten Dienstzeit.

VI. Diensthundeabteilung der Bundespolizeidirektion Wiener Neustadt

Erich Schleicher ist seit 30 Jahren Diensthundeführer und hat vier Deutsche Schäferhunde (Chlodo, Lex, Flott und Droll) abgerichtet und geführt.

Er meint: „Wie gedankenlos ist oft der Mensch. Wie oft kommt es vor, dass im Verlauf einer Meinungsverschiedenheit das Wort ‚Du Hund!' dem Widersacher ins Gesicht geschleudert wird. ‚Du Hund!', als Schimpfwort gemeint, bös und in der Hoffnung gesprochen, den anderen Menschen zu beleidigen. Und dabei: Keiner soll sich durch ‚Hund' beleidigt fühlen. Ist doch der Hund der beste, treueste und verlässlichste Freund des Menschen. Beschützt sein Hab und Gut, ist in guten und schlechten Tagen für seinen Herrn immer da. Ist immer bereit, zu schützen, zu helfen, zu retten. Ruhig und gemessen, sich ganz seiner Würde bewusst, führt der Hund seinen blinden Herrn über die Straße, nimmt seine Aufgabe ernst, lässt sich durch Baum und Randstein nicht aus dem Konzept bringen. Treu und jeden verbellend, hält der Hofhund Tag und Nacht Wache. Gespannt wie eine Feder, immer auf Abruf bereit ist der Diensthund, wird zum unerbittlichen Jäger, zum selbstlos und ohne Rücksicht auf sich selbst losschießenden Angreifer, wenn es gilt, flüchtige Verbrecher zu stellen und zu bewachen. Er geht mit seinem Herrl auf Patrouille, ist Detektiv und Wächter zugleich, trägt voller Würde seine Uniform mit der Aufschrift: Zoll, Polizei, Gendarmerie und ist in jeder Situation Freund und Helfer, treuer als der treueste Freund, unerbittlicher als der unversöhnlichste Feind.

Polizei-Diensthundeführer Erich Schleicher

Im **Oktober 1960** war in Wiener Neustadt die Mutter von fünf Kindern in höchster Verzweiflung davongelaufen, nachdem sie noch einer Nachbarin zugerufen hatte: „Ich komme nie mehr zurück!" Als man vergeblich nach ihr suchte, holte man Erich Schleicher mit seinem pensionierten Diensthund Chlodo, einem Schäferrüden. Fährtenansatz, wo die Frau zuletzt gesehen wurde. Nachdem der Hund mit seinem Führer bereits circa fünf Kilometer am Stadtrand von Wiener Neustadt zurückgelegt hatte, kam er gerade noch zurecht, als sich die Frau vor einen Zug werfen wollte. So konnte den fünf Kindern ihre Mutter wiedergegeben werden.

In der Nacht zum **19. Dezember 1969** versuchten zwei unbekannte Täter in Wiener Neustadt gewaltsam in den Konsum-Markt einzubrechen, was ihnen aber nicht gelang. Ein kurz darauf kontrollierender Angestellter der Wach- und Schließgesellschaft verständigte sofort die Polizei. Während von den Beamten die unmittelbare Umgebung des Marktes durchsucht wurde, bemerkte eine andere Patrouille zwei Männer, die beim Anblick der Polizisten sofort flüchteten, aber kurz darauf gestellt werden konnten. Bei der anschließend vom Diensthund Dux durchgeführten Fährtenarbeit konnte noch ein Einbruch in die KFZ-Werkstätte Hönigmann aufgeklärt und das Fahrzeug des Täters sichergestellt werden. Einer der Einbrecher trug eine geladene Waffe bei sich, eine zweite Pistole befand sich im Fahrzeug.

26. 10. 1973 00.10 Uhr. Bei einem Einbruch in eine Tankstelle in Eggendorf war der Täter vom Besitzer überrascht worden, worauf dieser mit einem Hammer auf den Tankstellenbesitzer losging, sodass dieser in Notwehr mit seiner Pistole auf den Täter schoss. Der Täter flüchtete in unbekannte Richtung. Nun wurde Dux angesetzt. Er brauchte aber einige Zeit, um eine Fährte aufzunehmen, da keinerlei Spuren zu sehen waren und die unmittelbare Umgebung des Tatortes stark vertreten war. Er nahm dann doch noch auf dem Areal der Tankstelle eine Fährte Richtung Eggendorf auf, überquerte nach circa 300 Metern die Bundesstraße 60, verfolgte sie weiter auf einem Feldweg in nördlicher Richtung, überquerte die Pottendorfer Eisenbahnlinie, dann ging es weiter auf einem Feldweg in Richtung Wiener Neustadt, wo er nach circa 1.500 Metern in einem Graben einen Sack verwies. Unter dem Plastiksack hatte sich der Täter, der einen Oberschenkeldurchschuss hatte, versteckt.

In der Nacht zum **18. Oktober 1975** drangen unbekannte Täter gewaltsam in die Sodawasser- und Limonadenfabrik in Wulkaprodersdorf ein, richteten erheblichen Sachschaden an und stahlen einen Geldbetrag. Bei den am Tatort gut sichtbaren Spuren wurde Flott angesetzt. Der Polizeidiensthund verfolgte über Wiesen, Felder und Gärten eine Fährte bis zu einem Haus in der Ödenburgerstraße. Da die Haustür geöffnet war, lief der Hund gleich in die Kammer und verbellte den im Bett liegenden Täter, der die Tat und noch drei weitere Einbrüche gestand.

An einen Einsatz mit Flott, bei dem ihm der Hund das Leben rettete, kann sich Erich Schleicher noch heute gut erinnern. Er berichtete darüber: „Ich war mit dem Hund auf Streife. Da entdeckte ich, dass im Gebäude des Wiener Neustädter Touring Club noch Licht brannte. Vor dem Haus stand einer der Gangster mit einem Wagen, fuhr auf mich zu. Ich sprang zur Seite und der Täter raste davon. In diesem Augenblick kam der zweite Einbrecher aus dem Haus. Er sah mich, legte seine Waffe auf mich an und wollte mich erschießen. Da bewies Flott enorme Geistesgegenwart. Aus dem Stand und ohne einen Befehl von mir sprang er den Gangster an und warf ihn zu Boden, dem ich dann nur mehr die Handschellen anlegen musste. Hätte Flott nicht so rasch reagiert, wäre ich vermutlich nicht mehr am Leben. Einige Stunden später stellte Flott auch den zweiten Täter, der in ein Bauernhaus geflüchtet war.

In der Nacht zum **1. Juni 1982** kletterte ein Einbrecher über den Zaun eines Gebrauchtwagenplatzes in der Fischauergasse in Wiener Neustadt. Zufällig schlief in dieser Nacht ein Angestellter in der Firma. Er erwachte, als der Einbrecher ein Fenster einschlug und einsteigen wollte, drehte das Licht an und schoss mit einem Flobertgewehr auf den Eindringling. Der gleich darauf eingesetzte Polizeidiensthund Droll nahm die Fährte auf und konnte wenig später den Täter, der sich am Josefsplatz versteckt hatte, stellen.

Da sich der Einbrecher bei der Festnahme wehrte, wurde er von Droll noch einmal kräftig gebissen.

In der Wiener Neustädter Schrebergartenanlage „Schelmerkolonie" waren in der Nacht sechs Gartenhütten aufgebrochen worden. Am 16. Dezember 1983 wurde der Einbrecher von den Polizeihunden Droll und Erlo gestellt. Es handelte sich um einen Bundesheersoldaten, der sich unerlaubt von seiner Truppe entfernt hatte und lieber ins Gefängnis ging als zu seiner Truppe zurück.

Die Leistungen der Hunde sind phänomenal, die Zahl der Lebensrettungen Legionen, ihre Belobigungen durch Verleihung von Knackwurstkränzen zahlreich. Die vierbeinigen Helfer können natürlich keine Wunder wirken. Auch ihrem Können sind Grenzen gesetzt. Aber schon oft haben diese vierbeinigen Kameraden der Exekutivbeamten mehr als erwartet geleistet.

Seit 1. Juli 2005 sind die Gendarmerie, die Sicherheitswache der Bundespolizei und die Zollwache Geschichte. Für die Älteren ist es ihre Lebensgeschichte, für die Jüngeren zur Information: Es gibt nur mehr eine Polizei.

VII. Das Diensthundewesen der Österreichischen Bundespolizei

In jedem Bundesland (Landespolizeidirektion) sind Diensthunde-Inspektionen eingerichtet, von wo „Tassostreifen" rund um die Uhr für verschiedenste Einsatzanforderungen zur Verfügung stehen.

In den neun Landespolizeikommanden standen nach Umsetzung der Polizeireform insgesamt 418 einsatzfähige Polizeidiensthunde (PDH) für den exekutiven Außendienst zur Verfügung (Stand Mai 2007).

LPK Wien: 109 PDH
LPK Burgenland: 24 PDH
LPK Niederösterreich: 62 PDH
LPK Steiermark: 48 PDH
LPK Kärnten: 28 PDH
LPK Oberösterreich: 47 PDH
LPK Salzburg: 26 PDH
LPK Tirol: 28 PDH
LPK Vorarlberg: 11 PDH

Außerdem standen im Bundesausbildungszentrum für Polizeidiensthunde (BAZ f PDHF) 14 und bem Einsatzkommando „Cobra" 12 PDH im Einsatz.

(1) Als Diensthunde der Sicherheitsexekutive oder des Bundesheeres gelten ausschließlich Hunde, die im Eigentum des Bundes (Bundesministerium für Inneres, Bundesministerium für Landesverteidigung) stehen und im Sinne des § 10 des Waffengebrauchsgesetzes 1969, BGBl. Nr. 149/1969 oder gemäß §§ 17 f Militärbefugnisgesetz, BGBl. I Nr. 86/2002 eingesetzt werden.

Bundesausbildungszentrum für PolizeidiensthundeführerInnen in Bad Kreuzen, Oberösterreich, und in Wien-Strebersdorf

Kommandant: Oberst Karin Juszt-Friewald

Ausgebildet werden alle Hunde als Schutz- und Stöberhunde sowie mit Zusatzausbildung:

Fährtenhunde, Suchtmittelspürhunde, Sprengstoffspürhunde, Leichen- und Blutspürhunde, Banknoten- und Dokumentenspürhunde, Lawinenverschüttetensuchhunde und Zugriffshunde.

Einsatz-, Grenz- und Fremdenpolizeiliche Abteilung bei der Landespolizeidirektion Niederösterreich

Abteilungsleiter: Oberst Andreas POLASCHEK
Stellvertreter: Oberstleutnant Siegfried SENK

Oberst Andreas Polaschek

Oberst Andreas Polaschek: Schon seit langer Zeit bediente sich der Mensch der Fähigkeiten von Hunden, wodurch sich ein „Zusammenleben" zwischen diesen beiden Lebewesen entwickelte.

Im Dienste der österreichischen Gendarmerie und Polizei sind die treuen Gefährten seit über 100 Jahren nicht mehr wegzudenken. Die Ansprüche an die Ausbildung der Polizeihunde werden immer komplexer und passen sich den Anforderungen der „Straße" an.

Trotz der rasanten technischen Entwicklung hat die Arbeit der Diensthunde ihre Bedeutung nicht eingebüßt. Der tägliche Einsatz macht es erforderlich, in der Kriminalitätsbekämpfung mit den Tätern Schritt zu halten. So können Hunde unter anderem heute auch Bargeld aufspüren, was bis vor kurzem noch nicht für möglich gehalten wurde.

Die alltägliche Arbeit der Hunde im Dienste der Gesellschaft und zum Schutz unserer Kollegen ist unersetzlich und eine wesentliche Säule einer erfolgreichen Polizeiarbeit.

Als zuständiger Abteilungsleiter für die fünf Polizeidiensthundeinspektionen im Bundesland Niederösterreich sage ich dem Autor „Danke" für seine Arbeit zur Dokumentation des Diensthundewesens in Österreich.

Landeseinsatzleiter: KontrInsp. Christian ZUSER
Polizeidiensthundeinspektion **ECHSENBACH** – Kommandant KontrInsp Peter ENZMANN
Polizeidiensthundeinspektion **GUNTERSDORF** – Kommandant KontrInsp Johann LITSCH
Polizeidiensthundeinspektion **ST. PÖLTEN** – Kommandant KontrInsp Markus PAUKER
Polizeidiensthundeinspektion **SCHWECHAT** – Kommandant KontrInsp Anton WUKETITS
Polizeidiensthundeinspektion **WIENER NEUSTADT** – Kommandant KontrInsp Joachim RATHMANNER

Alle: DH-Vorführung
(Bilder: LPD/D. Höller)

O. li.: DH-Vorführung
(Bild: LPD/D. Höller)

O. re.: Patrouille mit Diensthund
(Bild: LPD/A. Effenberger)

Polizeihundeführer
(Bild: LPD/A. Effenberger)

Hunde zur Kriminalitäts-bekämpfung. Die Bilder der LPD NÖ auf dieser Seite zeigen Diensthunde-Übungen

• POLIZEIDIENSTHUNDEINSPEKTION ECHSENBACH
Kommandant: KontrInsp Peter ENZMANN
Kdt-Stellvertreter: AbtInsp Andreas RIFFER

KontrInsp Peter Enzman: Seit 01. 12. 2008 bin ich Kommandant auf der PDHI Echsenbach. Vorwiegender Einsatzbereich: das Waldviertel.

Am 01. 09. 1980 trat ich meinen Dienst bei der österreichischen Zollwache an. Mit Oktober 1983 wurde ich Diensthundeführer bei der Zollwache.

Am 01. 10. 1995 wechselte ich in den Dienst der Gendarmerie und diese übernahm meinen zu dieser Zeit geführten Diensthund als Suchtmittelspürhund, wobei ich mit diesem in Vorarlberg eine Zusatzausbildung absolvieren musste, mit anschließender Ablegung einer Prüfung.

2005 wurden Gendarmerie und Polizei zusammengelegt und der Diensthund wurde ebenfalls übernommen.

KontrInsp Peter Enzmann

Meine Diensthunde:

Zollwache: Name des DH: GRIZZLY (Schutz- und Fährtenhund)
DH: TARO (Schutz- und Suchtmittelspürhund), dieser wurde 01. 10. 1995 von der Gendarmerie übernommen und dort als Suchtmittelspürhund geführt.
Damals gab es bei der Gendarmerie noch keine Dualhunde.

Gendarmerie: Name des DH: DYNAMO le Bosseur (Schutz-Fährte mit Sonderverwendung Leichen und Blutspuren), dieser wurde 2005 von der Polizei übernommen

Polizei: Name des DH: CATMANDOO of Silvermoon (Schutz-, Fährten und Stöberhund)
In der Zeit vom Oktober 1983 bis heute bin ich ununterbrochen Diensthundeführer.

Neue Dienststelle: Am 25. April 2009 luden die Marktgemeinde Echsenbach, die Fa. HARTL HAUS und das Landespolizeikommando Niederösterreich zur feierlichen offiziellen Eröffnung der Diensthundeinspektion in 3903 Echsenbach, Haimschlag, ein.

Der Leiter der Organisations- und Einsatzabteilung, Oberst Anton HAUMER, durfte zahlreiche Ehrengäste, an der Spitze den Herrn Abgeordneten zum Niederösterreichischen Landtag, Landesgeschäftsführer Mag. Gerhard KARNER, in Vertretung von Landeshauptmann Dr. Erwin PRÖLL, Herrn NR Leopold Maierhofer, Frau BR Martina Diesner-Wais, Herrn Abg. zum NÖ Landtag Konrad Antoni, den Herrn Bgm. Direktor Mag. Johann Lehr sowie viele andere Vertreter staatlicher Institutionen und des Wirtschaftslebens begrüßen.

Die neue Polizeiunterkunft erhielt durch Exekutivseelsorger Mag. Martin Müller und Dechant Mag. Alfred Winkler den Segen Gottes. Die Polizeimusik Niederösterreich sorgte in bewährter Weise für die musikalische Umrahmung.

Im Rahmen des im Anschluss veranstalteten „Sicherheitstages der Firma Hartl-Haus" stellten sowohl die Polizei mit einer Diensthundevorführung und Ausrüstungsschau als auch alle anderen mitwirkenden Einsatzorganisationen der Bevölkerung ihre Einsatz- und Leistungsbereitschaft eindrucksvoll dar. Die Veranstaltung war mit circa 1400 Personen sehr gut besucht und endete um 17.00 Uhr.

Auf der Diensthundeinspektion Echsenbach werden im Endausbau 10 Diensthunde-führer mit ihren Diensthunden für Einsätze bereitstehen, der Zuständigkeitsbereich erstreckt sich auf das gesamte Waldviertel.

Der Aufgabenbereich einer DHI umfasst generell
- die allgemeinen Aufgaben für den überörtlichen Sicherheitsdienst,
- die Wahrnehmung der Diensthundestreifen und der Diensthundeeinsätze,
- die präventive und repressive Bekämpfung von gerichtlich strafbaren Handlungen mit dem Einsatzmittel Diensthund,
- die Durchführung von Such-, Hilfs- und Rettungsaktionen mit dem Einsatzmittel Diensthund,
- die Einsatzunterstützung im Rahmen des Großen Sicherheits- und Ordnungsdienstes sowie
- die Fortbildung und Erhaltung der Einsatzfähigkeit der Diensthunde.

PDHF-Mannschaft

PDHI Echsenbach

Diensthundeeinsätze

Im Bereich der Hagenbachklamm wurden die Fahndungsmaßnahmen intensiviert. Der PDHF GrInsp Leopold W. mit Diensthund „Franky" der Polizeidiensthundeinspektion Echsenbach nahm die Fährte eines Flüchtigen auf und spürte diesen gegen 17.45 Uhr in einem Oberflächenentwässerungsrohr der B 14, unweit der Hagenbachklamm, auf. Von den eingesetzten Kräften wurden insgesamt vier männliche Personen, die im Verdacht stehen, den Einbruchsdiebstahl in Klosterneuburg durchgeführt zu haben, vorläufig festgenommen. Die Ermittlungen wurden vom Landeskriminalamt Niederösterreich, Ermittlungsbereich Diebstahl, übernommen.

Erfolgsmeldung nach abgängiger Person: Am 03. 05. 2017, ab ca. 16:45 Uhr, wirkte die Diensthundestreife Echsenbach Tasso 6 (PDHF Leopold W, GI mit DH Franky) bei einer Fahndung nach abgängiger Person nach missglücktem Suizidversuch im Raum Brunn bzw. Göpfritz an der Wild (Grenzbereich zwischen Bezirk Zwettl und Horn) mit. Gefahndet wurde dabei nach Stefan B., unterwegs mit einem Volvo C 30, grau lackiert.

Gegen 17:00 Uhr konnte das gefahndete Fahrzeug über das im KFZ verbaute GPS- Ortungssystem im Bereich des Auwiesenweges in der sogenannten „Wild" nahe der LB 2 lokalisiert werden. Die ho Tassostreife sowie die Streife Horn Verkehr 1 und Allentsteig 1 fuhren die oben genannte Örtlichkeit an. Dabei konnte von Horn Verkehr 1 und Allentsteig 1 im angeführten Bereich ein brennendes KFZ wahrgenommen werden. Bei der Annäherung zum KFZ konnte von den Beamten eine Person gesehen werden, welche vom Fahrzeug weglief. Die ho Tassostreife traf nur kurze Zeit später ein.

Nach einer Fährtendistanz von circa 600 bis 700 Metern durch das dortige Waldgebiet konnte der Abgängige am Waldboden sitzend gegen circa 17:30 Uhr durch den Diensthund aufgefunden werden.

In weiterer Folge wurde die Person durch den Sicherungsbeamten GI Bauer übernommen, Richtung Einsatzfahrzeug verbracht und dem bereits eingetroffenen Rettungsdienst übergeben.

Am **19. 7. 2017** wurde Christian I. am frühen Nachmittag von Zeugen in Pürbach bei Schrems gesehen. I. hat noch zwei Jahre Strafvollzug offen und trat diese Haft nicht an. Aus diesem Grund besteht seitens des LG Krems eine Festnahmeanordnung. Nach dieser Anzeige wurde bis 17.30 Uhr intensiv mit Hauptaugenmerk Stadtgebiet Gmünd und auch unter Einsatz des Hubschraubers „Libelle" nach dem Verdächtigen gesucht. Die Suche blieb vorerst ohne Erfolg. Um 19:10 Uhr wurde der Verdächtige von der Streife Gmünd AGM 2 im Stadtgebiet Gmünd wahrgenommen. Abermals wurde mit allen verfügbaren Streifen (Anmerkung: AGM – Schwerpunkt GD) eine Fahndung durchgeführt. Dank zahlreicher Hinweise aus der Bevölkerung wurde der Verdächtige gegen 20.00 Uhr im Bereich der Grenzgasse in Gmünd wahrgenommen. Sofort wurden die Grundstücke zwischen der Grenzgasse, der Litschauerstraße 13 bis 19 und bis hin zur Lokalbahnstraße umstellt und mit Streife Echsenbach Tasso 9 eine Durchsuchung der Gärten vorgenommen. Dabei hob man zwei Gartentore aus der Verankerung, um dem Diensthund Zutritt zu verschaffen. Der Diensthund konnte schließlich den Verdächtigen aufspüren. Nach Anweisungen durch den Diensthundeführer GI Markus Neuhold kam Christian IMLER mit. Die Tore wurden nach der Amtshandlung ohne Beschädigung wieder eingehängt. Im Garten des Hauses Litschauerstraße 15 befand sich ein seitlicher Zugang in ein Nebengebäude. Christian I. kam mit erhobenen Händen aus dem Objekt und konnte widerstandslos festgenommen werden. Anschließend wurden ihm Handfesseln angelegt und er wurde zur PI Gmünd verbracht. Dort wurde er bis zur Einlieferung in die JA Krems/Stein in den Verwahrungsraum abgegeben. Im Zuge der Festnahme verletzte sich der Diensthundeführer GI Markus Neuhold im Bereich des linken Unterarmes in der Ellbogenbeuge. Er suchte nach dem Einsatz das Landeskrankenhaus Gmünd auf, um die Wunde versorgen zu lassen. Christian I. wird mit der Streife Gmünd AGM 2 in die Justizanstalt Krems/Stein eingeliefert.

V. li. n. re.: Peter Enzmann, Johannes Heißenberger, Stefan Kreil

V. li. o. nach re. u.: Wolfgang Mayer, Gerhard Preisinger, Andreas Riffer, Michael Witura, Leopold Wühl, Berd Zodl

Einsatzübung Fahrzeuge

O. li.: Diensthunde-Transporter

O. re.: Der Kommandant mit zwei DH-Führern

In Bereitschaft

Übung Einsatz gegen gewalttätige Demonstranten

• POLIZEIDIENSTHUNDEINSPEKTION GUNTERSDORF

Kommandant: KontrInsp Johann LITSCH
Kdt-Stellvertreter: AbtInsp Nikol GLASER

KontrInsp Johann Litsch

Das Hundewesen im LPD (vormals LPK) war bis Jänner 2011 so aufgebaut, dass grundsätzlich pro Verwaltungsbezirk mindestens zwei PDHF vorgesehen waren. In den Jahren, als Österreichs Ostgrenzen als EU-Außengrenzen fungierten, waren in jenen Bezirken mehr als zwei PDHF vorgesehen. Die PDHF waren zu dieser Zeit jeweils einer Dienststelle (GP, Greko bzw. GÜP) als Sonderverwender zur Dienstverrichtung zugewiesen. Aufgrund des Umstands, dass es hierfür keinerlei Erhöhung des Personalstandes für die betroffenen Dienststellen gab und der PDHF in Ausübung seiner Sonderverwendung den größten Teil seiner Dienstzeit nicht für seine Dienststelle zur Verfügung stand, kam es immer wieder zu Diskussionen betreffend die Ausübung dieser Sonderverwendung. Im Zuge der Neuaufstellung der Exekutive im Jahr 2005 wurde seitens des BMI eine Neuausrichtung des Polizeidiensthundewesens beschlossen. Es sollten nun die PDHF auf eigenen Dienststellen zusammengefasst werden und ausschließlich in ihrer Funktion als Hundeführer tätig werden.

Im Gegensatz zu einigen anderen Bundesländern entschloss man sich in Niederösterreich für ein System mit eigenständigen Diensthundestationen. Für Niederösterreich wurden insgesamt fünf Diensthundestationen geschaffen. Diese befinden sich in Wiener Neustadt, St. Pölten, Echsenbach, Schwechat (Flughafen) und Guntersdorf. Für jede PDHI wurde ein Überwachungsgebiet festgelegt, welche mit den vier Vierteln Niederösterreichs fast identisch sind. Für den Flughafen Wien bestand, aufgrund von zwischenstaatlichen Vorgaben, eine Sonderstellung, und diese DHI ist somit vorwiegend mit Agenden, den Flughafen betreffend, betraut.

Mit 01. 02. 2011 wurde die DHI Guntersdorf, etabliert in 2042 Guntersdorf, Kalladorferstraße 299/2, eröffnet, welche mit zehn Beamten samt Diensthund systemisiert wurde.

Vorerst waren auf dieser Dienststelle neun PDHF stationiert, da ein PDHF, BI Helmut KRAUS, bis zum Ausscheiden seines DH als dislozierter PDHF weiter Dienst auf der PI Drasenhofen verrichtete. Mit 31. 12. 2016 wurde der DH altersbedingt ausgesondert.

U. li.: AbtInsp. Nicol Glaser

U. re.: Johann Litsch mit Junghund

Seit Juni 2017 verrichten nun zehn PDHF auf der DHI Guntersdorf ihren Dienst.

Das Überwachungsgebiet betrifft die Verwaltungsbezirke Hollabrunn, Mistelbach, Gänserndorf, Korneuburg und den nördlich der Donau befindlichen Teil des Bezirkes Tulln.

Auf der DHI Guntersdorf stehen fünf DHF mit ihren Hunden in Sonderverwendung. Das heißt, dass deren Diensthunde zusätzlich zur Grundausbildung in einer Sonderverwendung (drei Suchtgiftspürhunde und zwei Brandmittelspürhunde) ausgebildet wurden.

Prinzipiell besteht die grundsätzliche Aufgabe in der Prävention. Das heißt, durch das Auftreten einer Streife mit DH das subjektive Sicherheitsgefühl der Bevölkerung zu erhöhen bzw. renitente Gegenüber in ihrem Aktionskreis einzuschränken.

Weiters werden die PDHF zur Aufarbeitung von Tatortlagen (Auffinden von Spuren, Gegenständen und flüchtigen Tätern etc.) herangezogen.

Ein weiterer Aufgabenbereich ist der Große Sicherheits- und Ordnungsdienst. Dies meistens in Einheit mit der EE bei Großereignissen (Fußballspiele, sonst. Sportveranstaltungen, EU-Vorsitz etc.).

Ein kurzer Überblick, betreffend den derzeitigen Stand auf unserer PDHI.

Manfred Pfarr, Hundeführer und Ausbildner: „Ich habe mich seit einer Hundevorführung in der Grundschule (1978) in Freiland für das Diensthundewesen interessiert, und es war immer mein Wunsch, diese Tätigkeit einmal auszuüben.

Im Jahr 1982 wurde das Diensthundewesen reformiert, das heißt, die zentrale Station in Wien Meidling wurde aufgelassen. Als Ersatz konnten sich in jedem Bezirk zwei Gendarmen als Diensthundeführer bewerben, ihre Dienststellen wurden dann zu einer Diensthundestation ernannt.

Da in der Diensthundevorschrift vorgesehen war, dass man sich um einen DH erst nach der Definitivstellung bewerben kann, wartete ich bis 1982. Mit Juni dieses Jahres war ich definitiv und bewarb mich als DHF. Nach einem Vorstellungsgespräch beim Landesausbildungsleiter Werner Fleisch überzeugte sich dieser davon, dass ich die Voraussetzungen, einen DH in meinem Anwesen halten zu können, erfüllte. Übrigens hätte mir der LAL eine bereits einjährige Schäferhündin zum Ankauf angeboten. Diese wäre danach von ihm überprüft und übernommen worden, das Außergewöhnliche und Einzigartige an diesem Angebot war, dass mir, der ich „Häuslbauer" war, den Hund die Kollegen meiner Dienststelle, des Gendarmeriepostens Drösing, vorfinanziert hätten. Das handschriftliche Schreiben meines damaligen Chefs hab ich immer noch.

Im Februar 1983 war es dann so weit, ich konnte mir in Wien Meidling beim LGK NÖ den Schäferhundewelpen Blitz vom Schwadorfer Schloss abholen. Ich war ziemlich nervös, denn ich hatte null Erfahrung mit einem jungen Hund.

Zu dieser Zeit gab es noch keine Junghundeausbildung, bis zum Grundkurs trafen sich alle Junghundeführer insgesamt nur dreimal. Der Grundkurs fand in Meidling statt und dauerte zwei Monate ohne Pause. Bei diesem Grundkurs musste jeder Teilnehmer als Schutzdiensthelfer fungieren.

Ich verrichtete danach mit dem GDH wieder auf dem GP Drösing Dienst, es war dies normaler Postendienst ohne speziell eingeteilte Diensthundestreifen, man hatte keinen Anspruch darauf, den GDH immer mitzuführen, und wurde von den Kollegen oft von zu Hause in der Privatzeit zu Einsätzen geholt. Auf dem GP Drösing war zu dieser Zeit ein weißer VW-Käfer stationiert. Der DH wurde auf der Rücksitzbank (eine Kautschukdecke zum Abdecken der Bank wurde vom Dienstgeber zur Verfügung gestellt) transportiert. Einmal hatten wir eine Vorführung zum Strafantritt, da saß der DH mit Korb neben dem Vorgeführten. Aus heutiger Sicht undenkbar.

Mit Blitz verrichtete ich bis Juni 1992 Dienst, gleich bei einem der ersten Einsätze mit ihm konnte ich zwei Einbrecher, die beim Einbruch in den Konsummarkt in Drösing überrascht worden und geflüchtet waren, aufstöbern. Insgesamt konnten dadurch fast 50 Delikte in NÖ und Wien geklärt werden. Der interessanteste Einsatz mit ihm waren die zwei Tage „Jagd" nach „Pumpgunronny" Kastenberger im Süden von Wien.

Ich musste Blitz aufgrund einer Krebserkrankung mit 10 ½ Jahren einschläfern lassen. Während der Dienstzeit mit dem ersten DH gab es keine ausgebildeten „Ausbildner". Engagierte Hundeführer konnten sich bei der Aus- und Fortbildung einbringen und so nahm ich auf Wunsch der anderen GDHF ab etwa 1985/1986 neben Edmund Lesny, seinerzeit DHF in Haugsdorf, an deren Übungstagen teil, um mit unseren Hunden einen guten Ausbildungsstand zu erreichen.

Vom Juni 1992 bis Jänner 1993 hatte ich keinen Hund. Im Jänner übernahm ich den von mir selbst ausgesuchten „Aron vom Himbeerschlössl", ebenfalls einen zwei Monate alten Deutschen Schäferhund aus der Steiermark. Ende 1993 besuchte ich den ersten Ausbilderlehrgang des BMI, er fand in Wien Meidling statt. Mit Aron kam ich schon in den Genuss eines monatlichen Junghundeübungstages. Mit 1. Jänner 1994 wurde ich wegen der Schließung des GP Drösing zum GP Neusiedl an der Zaya versetzt. Nach dem Ausbilderlehrgang war ich bei einem Grundkurs in Meidling als AZUBI eingeteilt.

Aron wurde ebenso wie Blitz zum Schutz-, Fährten- und Stöberhund ausgebildet. Kurz stand die Möglichkeit im Raum, dass das BMI Trümmerhunde ausbilden will, dies hätte mich zwar interessiert, wurde aber vom BMI wieder verworfen. Mit Aron hatte ich zahlreiche Einsätze im Bereich der Bundesgrenze, wir konnten viele illegale Grenzgänger und auch einen Schlepper aufstöbern. Beim interessantesten Einsatz habe ich Vorpass nach einem flüchtigen Mörder gehalten. Wolfgang Lengauer arbeitete eine vorbildliche Einsatzfährte. Ich lag mit

Gendarmerie-hundeführer Manfred Pfarr

Mi.: Mit Junghund

Re. o.: Mit Riesenschnautzer

Re. u.: Mit DH, Einsatz beim Papstbesuch

einem Kollegen auf Vorpass. Der Mörder wurde durch die Einsatzfährte entlang einer Eisenbahnstrecke von Lengauer in meine „Hände" getrieben, und so konnte ich den flüchtigen Mörder im Bereich von Ebreichsdorf mit meinem Beifahrer Reinhard Fida der PI Deutsch-Wagram festnehmen.

Im Jahr 2003 wechselte ich die Rasse und entschied mich dazu, dass mein nächster Diensthund ein Riesenschnauzer sein soll. Nach Absprache mit dem Dienstgeber übernahm ich Ende März 2003 den zehn Wochen alten Rüden „Hank vom Hatzbachthal", den ich aber ab meiner Übernahme „Zoran" (in Anlehnung an meinen Lieblingsfußballer Zoran Zoki Barisic) nannte. Aron hat den Jungspund sozialisiert und gut erzogen. Im 14. Lebensjahr musste er leider eingeschläfert werden.

Zoran hat sich nach anfänglichen Schwierigkeiten (Spätstarter) gut entwickelt und ich absolvierte mit ihm im Jahr 2004 in Bad Kreuzen den Grundkurs. Im September desselben Jahres nahm ich ebenfalls in Bad Kreuzen an einem Kurs für Sprengstoffspürhunde teil. Es war dies eine meiner interessantesten Erfahrungen, dies deshalb, weil das Suchmedium sehr interessant war, bei der Ausbildung auf größte Sauberkeit im Umgang mit dem Sprengstoff sowie auf korrektes Anzeigeverhalten geachtet wurde.

Ich hatte mit Zoran sehr interessante Sprengstoffeinsätze. Die Spanne geht da von Hausdurchsuchungen (z. B. auch nach Waffen und Munition), Staatsbesuchen, Diplomatenveranstaltungen und Großveranstaltungen wie der Fußballeuropameisterschaft bis zu der sechs Monate andauernden EU-Präsidentschaft. Bei der Fußballeuropameisterschaft war ich in Klagenfurt und Wien, bei der EU-Präsidentschaft in Wien, NÖ, Salzburg, Kärnten, Innsbruck und Graz eingesetzt. Beim Besuch vom Papst Benedikt durchsuchte ich die zwei auf dem Cobragelände abgestellten Papamobile sowie das Ursulinenkloster in Wien, wo der Papst sich nach dem Flug frisch machte. Dort zeigte er mir tatsächlich in einer Kommode Sprengstoff an, das war spannend. Die Nachschau ergab, dass in der Kommode Stoffdecken (gute Geruchsträger) und Weihnachtsschmuck gelagert waren. Mit dem Weihnachtsschmuck lagen in der Kommode einige Schachteln Sternspritzer, in welchen Schwefel und Schwarzpulver vorkommen, also eine richtige Anzeige. Die dabei gemachten Erfahrungen möchte ich nicht missen.

Mit Zoran, der im August 2013 in „Pension" ging, konnte ich im Zuge einer Fahndung einen Messerstecher in Marchegg aufstöbern und gemeinsam mit meinem Kollegen der Diensthundestreife festnehmen. Bei den zahlreichen Einsätzen mit ihm waren illegale Grenzgänger und andere kleinere Stöbererfolge dabei.

Im April 2012 habe ich den acht Wochen alten Herderrüden „Fynn of flying Attacks", genannt Cato, (Holländischer Schäferhund) als Junghund übernommen. Ab September 2013 habe ich den Grundausbildungslehrgang im BAZ in Wien-Strebersdorf absolviert und positiv abgeschlossen. Mit Cato hatte ich bis jetzt bereits vier wirklich sehr schöne Stöbererfolge – ein flüchtiger Autodieb, der nach einer Geisterfahrt einen Unfall hatte und geflüchtet war, wurde, nachdem beim Einsatzgebiet eine großräumige Außensicherung aufgezogen worden war, in einem Garten aufgestöbert.

Weiters ein Einbrecher und ein Serieneinbrecher, der auf der Flucht und nach Verfolgung mit Hubschrauber auf freiem Feld einen Unfall hatte und zu Fuß flüchtete. Nach einer Fährte in den naheliegenden Wald fanden wir die Sporttasche des Flüchtigen, etwa 10 Minuten später konnte der Täter in einer Waldhütte aufgestöbert werden.

Im Marchfeld wurde ein Einbrecher im Bereich einer Uferböschung eines Teiches ebenfalls aufgestöbert.

Weiters konnten wir nach einem Mordversuch im hohen Gras einer Bachböschung die Tatwaffe, eine blutige Hacke, finden.

Manfred Pfarr mit seinem DH (Holländischer Schäferhund, auch unten)

Als Ausbilder war ich nach einem Grundkurs anfangs alleine für die Aus- und Fortbildung im Weinviertel zuständig. Nach einiger Zeit machte ich das mit meinem ehemaligen Dienststellenleiter Robert Sevcik gemeinsam weiter. Sieben Jahre führte ich mit einem Kollegen aus OÖ im BAZ Wien Meidling und danach im BAZ Bad Kreuzen dreiwöchige Fortbildungslehrgänge durch. Dabei lernte ich fast alle Diensthundeführer Österreichs kennen, es entstanden dabei einige sehr schöne Freundschaften. Dabei sammelte ich auch sehr viel an Erfahrung. In Bad Kreuzen führte ich weiters mit einem Kollegen aus Kärnten Überprüfungslehrgänge (Pickerl) durch.

Meine Haupttätigkeit als Ausbilder war jedoch die Tätigkeit als Junghundeausbildner. Anfangs führte ich diese mit den Landesausbildungsleitern und anderen Kollegen gemeinsam durch. 16 Jahre war ich für die Junghundeausbildung in NÖ zuständig bzw. in diesem Bereich aktiv. Diese Tätigkeit war einerseits eine Herausforderung, andererseits wunderschön. Es ist ganz einfach schön, wenn man sieht, wie sich Hundewelpen ab acht Wochen entwickeln und lernen sowie dann mit etwa 15 Monaten in die Grundkurse abgehen.

Ich bedanke mich bei allen Ausbilderkollegen für ihre Unterstützung bei der Junghunde- Ausbildung und ihre einmalige Kollegialität.

AbtInsp Nicole Glaser, Inspektionskommandant-Stellvertreterin der PDHI Guntersdorf:

Ich habe meinen Dienst bei der Exekutive im November 1999 als Gendarmerieschülerin in der Kaserne in Meidling begonnen. Im August 2001 wurde ich auf die BLS Korneuburg ausgemustert.

2008 habe ich den Fachkurs bei der Polizei Wien absolviert und im Anschluss war ich stellvertretende Ermittlungsbereichsleiterin im Kriminalreferat Donaustadt. Im Dezember 2010 wechselte ich wieder nach NÖ, zurück auf die BLS Korneuburg, wo ich von 2011 bis 2016 Leiterin der Kriminaldienstgruppe Korneuburg war. Bei vielen Amtshandlungen, seien es Einbrüche, wo Täter flüchtig waren, Suche nach vermissten oder verletzten Personen, Suche nach Bargeld im Haushalt einer demenzkranken Person, Hausdurchsuchungen aufgrund von Anzeigen nach dem Suchtmittelgesetz etc., habe ich immer wieder mit Diensthundeführern und deren vierbeinigen Partnern zusammengearbeitet. Die Teamarbeit von Mensch und Tier hat mich immer wieder fasziniert.

Gemeinsam mit meiner lieben Kollegin Eva Strobl habe ich mich im Dienst auch immer wieder um streunende/ausgesetzte/gefundene Hunde gekümmert, diese vorübergehend versorgt und in Zusammenarbeit mit den Tierheimen die Besitzer ausgeforscht oder herrenlose Hunde an gute Plätze vermittelt, soweit es möglich war.

Ich selbst habe auch eine kleine Mischlingshündin aus dem Tierschutz bei mir aufgenommen. Zu Beginn konnte sie außer„alles und jeden anbellen" so gut wie nichts. In der Hundeschule beim ÖGV Stockerau traf ich dann auf erfahrene Trainer, die auch gleichzeitig gute Freunde wurden, und mit deren Hilfe habe ich sogar diverse Prüfungen mit meiner Hündin absolvieren können. Die Arbeit mit Hunden hat mich immer mehr fasziniert, und als dann eine Planstelle bei der Diensthundeinspektion Guntersdorf ausgeschrieben wurde, habe ich die Chance ergriffen, Leidenschaft und Beruf zu verbinden.

Im Sommer 2016 bekam ich meinen nunmehrigen Polizeidiensthund „Aron of fallen leaves", einen Malinois. Der Umstieg von der Ausbildung einer 10-kg-Mischlingshündin auf einen zweieinhalbjährigen Malinois-Rüden war wie der Umstieg von einem 50-PS-Golf auf einen Rennwagen. Es war nicht immer leicht und ich habe neben der offiziellen Ausbildung zusätzlich viel Zeit auf unserem Hundeplatz in Stockerau verbracht. Ein besonderes DANKESCHÖN möchte ich an dieser Stelle dem Obmann Josef Okenka und der leider bereits verstorbenen Margareta Okenka aussprechen, die mir stets mit Rat und Tat zur Seite gestanden sind und mich auch in ihrer Freizeit unterstützt und beraten haben. Auch die erfahrenen Diensthundeführer der PDHI Guntersdorf sind stets bereit gewesen zu helfen und Tipps zu geben, auch hier ein DANKE an alle meine Kollegen.

Innerhalb eines Jahres haben mein Aron und ich die Prüfung zum Diensthundeführer sowie die Prüfung zum Suchtmittelspürhundeführer absolviert. Gleich beim ersten Einsatz konnten wir einen Erfolg in einer Justizanstalt verbuchen. Das macht natürlich besonders stolz.

Die Arbeit mit dem Diensthund endet für mich nicht mit Dienstbeginn, es ist ein 24-Stunden-Job sozusagen und nicht immer leicht. Es ist eine tägliche Herausforderung, aber es macht großen Spaß und ich bin froh mich dafür entschieden zu haben!

• POLIZEIDIENSTHUNDEINSPEKTION SCHWECHAT

Kommandant: KontrInsp Anton WUKETITS
Kdt-Stellvertreter: AbtInsp Helmut PECK

Seit etwa 1970 verrichten Diensthundeführer ihre Sicherungstätigkeiten am Flughafen Wien Schwechat, wobei sie in der Anfangszeit von der BPD Wien zur Dienstverrichtung am Flughafen dienstzugeteilt wurden.

Der erste Grundausbildungskurs für Polizeidiensthundeführer der damaligen BPD Schwechat fand im Jahr 1975 statt, wobei fünf Beamte als Polizeidiensthundeführer in Wien ausgebildet wurden.

Der Grundstein der Diensthundeabteilung Schwechat wurde somit gelegt, und durch Versetzungen von Polizeidiensthundeführern aus Wien wurde somit ein Stand von dreizehn Beamten erreicht.

1978 wurde der erste PDHF als Dienstführender SWB ausgebildet und somit hatten die Polizeidiensthundeführer ihren eigenen Dienststellenleiter und waren nicht mehr den Wachkommandanten des Wachzimmers Flughafen unterstellt.

Heute beträgt der Stand der DHI Schwechat 17 Diensthundeführer inklusive Dienststellenleiter und Stellvertreter. Die gravierendste Amtshandlung der Polizeidiensthundeführer von Schwechat dürfte mit Sicherheit der Terroranschlag auf den Flughafen Wien-Schwechat im Jahr 1984 gewesen sein, wobei die Polizeidiensthundeführer maßgeblich an der Verfolgung und der Festnahme der Terroristen beteiligt waren.

Heute erstreckt sich im groben Umfang die Tätigkeit der PDHF auf die Sicherung des Flughafens und der gefährdeten Fluglinien sowie auf Streifentätigkeiten im Stadtgebiet Schwechat sowie im Bezirk Bruck/L.

Unterstützend wirken die PDHF bei Amtshandlungen mit gefährlichen Tätern sowie bei der Fahndung oder Suche nach Straftätern. Auch unterstützen sie die Kollegen bei Großveranstaltungen, wie z. B. Fußballspielen, Demonstrationen und dergleichen.

DHF Andrea Höldl

Cornelia HANDL. Ich bin seit 1999 Polizeibeamtin, und es war seit jeher mein beruflicher Wunschtraum, Diensthundeführerin zu werden – worauf ich allerdings bis zum 1. 1. 2013 warten musste.

Hauptsächlich sind wir mit unseren Aufgaben am Flughafen gebunden. Im August 2016 konnten wir jedoch einen rumänischen Einbrecher im Schloss Petronell festnehmen.

Anbei ein Foto von meinem PDH „DRAGON of Silvermoon", Hollandse-Herder-Rüde 2009 (ohne Spezialausbildung).

Andrea HÖLD, BezInsp. Ich trat 1998 in die Gendarmerieschule Ybbs ein, um Diensthundeführerin zu werden, was zum damaligen Zeitpunkt schwierig war, wie sich später herausstellen sollte.

2011 wurde nach dem E2a-Kurs dann endlich mein Traum wahr, und ich wurde auf mein Ansuchen zur PDHI Schwechat versetzt, wo ich seither Dienst verrichte und mittlerweile 2. Stellvertreterin des PDHI-Kommandanten bin. Mein PDH heißt Cash Spirit of Graz und ist ein Belgischer Schäferhund (Malinois), welcher zusätzlich zur Schutz- und Stöberausbildung als Spezialausbildung Sprengstoff hat – dabei sind wir oft im ganzen Bundesgebiet bei diversen Events (G7-Gipfel, OPEC, OSZE, Skirennen etc.), aber auch Hausdurchsuchungen unterwegs.

Li.: DHF Cornelia Handl

Re.: DHF Andrea Höldl

Im Sommer 2016 waren Cash und ich einen Monat auf Frontex-Einsatz an der ungarisch-serbischen Grenze, wo wir die ungarischen Kollegen unterstützt haben – dort wurde auch das Foto aufgenommen.

Ich war im August 2016 den ganzen Monat zu Frontex zugeteilt, und mein Dienstort war der Grenzort Kelebia. Ich hatte einen Begleitbeamten aus dem österreichischen Frontex-Pool an meiner Seite, und jeden Dienst begannen wir auf der Polizeistation in Kelebia, wo wir unsere Waffen ausfassten sowie einen ungarischen Kollegen als Dolmetscher und unsere Aufträge zugewiesen bekamen – in der Regel waren das Streifentätigkeit am Grenzzaun bzw. im Hinterland und Verkehrskontrollen nach Schleppern. Wenn ein Diensthund benötigt wurde, wurden wir über den ungarischen Kollegen angefordert bzw. zum Teil über die österreichischen Kollegen an der Wärmbildkamera (Überwachung des Grenzgebietes mit WBK).

DHF Eva Strobl

Eva Strobl, RevInsp. Ich hatte das Glück, einen sehr tierlieben Papa zu haben, und habe von Kindheit an vom Hasen über Doggen bis zu Pferden alle möglichen Tiere betreut. Als Jugendliche durfte ich mit Unterstützung meines Vaters immer wieder Pflegehunde bei uns daheim aufnehmen, diese aufpäppeln und dann weitervermitteln. Nach kurzer Tätigkeit in der Privatwirtschaft bin ich 2004 in den Polizeidienst eingetreten. In meiner Freizeit habe ich mit meiner aus dem Tierschutz übernommenen Schäfermixhündin Breitensport und Agility betrieben. Auf der Polizeiinspektion Korneuburg war ich stets als tierlieb bekannt und wurde bei tierischen Notfällen gerufen. So habe ich von Pferden, Eseln bis zu Kühen alle möglichen frei laufenden Tiere wieder eingefangen und den Besitzern zurückgebracht. So mancher herrenlose Hund hat bei mir für ein oder zwei Tage ein Körbchen bekommen, bis die Besitzer gefunden werden konnten.

Meine Liebe zu Tieren hat mich dann zu der Entscheidung gebracht, mich dem Auswahlverfahren zur Polizeidiensthundeführerin im Jahr 2016 zu stellen. Ich habe es geschafft und im Dezember 2016 die Deutsche Schäferhündin IVY YNIS AVALACH bekommen. Mit dieser bin ich derzeit in Ausbildung. Die Arbeit mit ihr macht mir großen Spaß.

• POLIZEIDIENSTHUNDEINSPEKTION ST. PÖLTEN

Kommandant: KontrInsp Markus PAUKER
Kdt-Stellvertreter: AbtInsp Christian Teltscher

Die Polizeidiensthundeinspektion St. Pölten befindet sich seit 1. 1. 2009 in 3100 St. Pölten, Schanze 9. Insgesamt versehen 13 Beamte mit ihren Diensthunden, derzeit 2 Suchtgiftmittelspürhunde, 1 Brandmittelspürhund, 1 Banknotenspürhund, 1 Leichen- und Blutspürhund und 2 Spezialfährtensuchhunde, ihren Dienst.

Ihr Aufgabenbereich umfasst die Bezirke Amstetten, Scheibbs, Lilienfeld, St. Pölten Stadt und Land, Melk und Tulln südlich der Donau.

Diensthundeeinsätze:

Am **21. 11. 2008** um 17.50 Uhr. Anforderung der DH-Streife, nachdem zwei Täter nach einem versuchten

Einbruch in ein Einfamilienhaus geflüchtet waren. Ein Täter zu Fuß, einer mit KFZ, wobei der KFZ-Lenker kurz zuvor von örtlichen Kräften angehalten und festgenommen werden konnte.

GrInsp Franz R. setzte seinen Diensthund „Restan Policia", einen Deutschen Schäfer, im Bereich der letzten Sichtung des flüchtigen Täters zur Fährte an. Der Diensthund konnte nach kurzer Einsuchzeit eine Fährte aufnehmen, diese entlang eines Weges, über einige Felder und schließlich auch durch das Areal eines Bauernhofes und sogar durch eine Pferdekoppel bis unter eine Brücke eines dort verlaufenden Baches verfolgen. Dort stellte der Diensthund den unter der Brükke versteckten Täter durch Verbellen.

Um den zufahrenden Unterstützungskräften die Lokalisierung der eigenen Position zu ermöglichen, musste GrInsp Franz R. auch einen Signalschuss abgeben.

Der Täter konnte dann schließlich mit Unterstützung durch die Besatzung Neulengbach, Sektor 1 festgenommen werden.

Anschließend wurde der Festnahmeort mit dem Diensthund nach eventuell vom Täter weggeworfenen Gegenständen abgestöbert. Hierbei konnte noch die Taschenlampe des Täters aufgefunden werden.

KontrInsp Markus Pauker

Sankt Leonhard am Forst, Bezirk Melk

Polizeidiensthundeführer AbtInsp Johann H. mit Diensthund „Flicle Bosseur", einem Belgischen Schäferhund. Weitere Beamte: GrInsp B. der PI Traisen

Sachverhalt: Anforderung der DH-Streife, nachdem mehrere Täter nach einem Einbruchdiebstahl in ein Betonschneidewerk in ein Maisfeld geflüchtet waren.

AbtInsp H. setzte seinen Diensthund zu Beginn zum Stöbern nach Personen im Betonschneidewerk ein. Hierbei wurde die Stelle am Maschendrahtzaun gefunden, an der die Täter augenscheinlich vom Firmengelände in das Maisfeld gelangt waren. Von dort wurde der Diensthund dann zum Stöbern in das Maisfeld gesandt und konnte nach kurzer Zeit einen Täter durch Verbellen stellen.

Nachdem sich die Beamten der Diensthundestreife durch das Maisfeld bis zum Täter vorgearbeitet hatten, stellten sie fest, dass der Täter fortwährend mit Fäusten und Füßen gegen den Diensthund trat und diesen schließlich auch am Fang ergriff und festhielt. AbtInsp H. war daher gezwungen, seinen Diensthund mittels Schlag gegen den Täter zu befreien, da die mehrmalige Aufforderung, den Widerstand zu beenden, erfolglos blieb.

Der Täter konnte schließlich festgenommen werden.

PDHF-Mannschaft

V. li. o. nach re. u.: Fr. Brandl, Hr. Grammel, Hr. Mürzl, Hr. Paucker, Hr. Rausch, Hr. Starkl

Li.: Hr. Schuller

Re.: Hr. Rausch, Hr. Zitzmann

Diensthunde-übungen

21. 8. 2006, 13.20 Uhr, Mauer, Bezirk Amstetten

Polizeidiensthundeführer GrInsp Karl L. mit Diensthund „Amok", Deutscher Schäferhund.

Die DH-Streife wurde zur Suche nach flüchtigen Tätern nach einem Raubüberfall auf das Postamt Aschbach angefordert.

Von Beamten der PI Ulmerfeld-Hausmenning waren Kleidungsstücke und ein Rucksack der Täter aufgefunden worden. Daraufhin führte GrInsp L. im dortigen Bereich Stöberarbeiten mit dem DH durch. Hierbei wurde der Diensthundeführer von einem dort wohnhaften Pensionisten aufmerksam gemacht, dass kurz zuvor zwei Männer in ein angrenzendes Maisfeld gelaufen waren. Das Maisfeld wurde von örtlichen Kräften umstellt und der DH dort schließlich zur Fährte angesetzt. Dieser konnte eine solche aufnehmen und circa 150 Meter in das Maisfeld, bis zu einem am Boden liegenden Täter, verfolgen. Als der Täter die nahende Diensthundestreife bemerkte, sprang er – unmittelbar vor dem Diensthund – auf und versuchte zu flüchten. Der Diensthund verhinderte diese Flucht jedoch selbstständig und biss den Täter.

Der Täter konnte kurz darauf festgenommen werden.

7. 1. 2006, Kaumberg, Bezirk Lilienfeld

Polizeidiensthundeführer: RevInsp Karl Sch. mit Diensthund „Timo vom Alten Kloster", Deutscher Schäferhund. Anforderung der DH-Streife nach einem Einbruchdiebstahl in eine Firma in Kaumberg und Diebstahl von Buntmetall. Die Diensthundestreife wurde zu einem nebst der dortigen Landesstraße abgestellten KFZ beordert, da dies augenscheinlich das KFZ der Täter war. Dort konnten Spuren im Schnee wahrgenommen werden. RevInsp Sch. setzte einen Diensthund dort zur Fährte an. Dieser verfolgte diese circa 100 Meter bis zu einem Buntmetalldepot, welches offensichtlich von den Tätern dort angelegt worden war (circa 50 im Schnee vergrabene Kupferstangen). Vom Depot weiter konnte der Hund dann – circa 2,5 km – weiter die Fährte verfolgen (Wald, Feldweg) bis zu einem Punkt an einem Feldweg, wo sich ein Täter – in einer Mulde liegend – verborgen hielt. Der Hund zeigte den Täter durch Verbellen an. Dieser wurde anschließend von den Beamten der DH-Streife festgenommen.

2. 10. 2011, Stausee Ottenstein, Bezirk Krems-Land

Polizeidiensthundeführer RevInsp Roman Sch. mit Diensthund „Hardock vom Saggautal", Belgischer Schäfer, und GrInsp Wolfgang Sch. (Bundesausbildungszentrum für Polizeidiensthundeführer in Wien, Strebersdorf) mit Diensthund Rottweiler „Argon vom Herrenholz".

Suchaktion mit Leichen- und Blutspürhunden zu Wasser nach einer seit 30. 09. 2011 abgängigen Person. Der PKW des Abgängigen war am Parkplatz des Stausees Ottenstein aufgefunden worden.

Mit den Leichen-und Blutspürhunden der genannten PDHF war ein Bereich des Stausees abgesucht worden, wobei die Diensthunde vom Boot aus eingesetzt wurden und im Bereich der Stauseebrücke Anzeigeverhalten setzten. Aufgrund dessen wurden dort Taucher der EKO Cobra eingesetzt, welche schließlich die Leiche des Gesuchten im dortigen Bereich finden konnten.

10. 9. 2011, 00.05 Uhr, Roggendorf, Bezirk Melk

Polizeidiensthundeführer BezInsp Markus P. mit Diensthund „Gundo od Meszta", Belgischer Schäferhund. Weitere Beamte: GrInsp Gerald Ü. der PI St. Pölten-Spratzern

Anforderung der DH-Streife nach Dieseldiebstahl aus einem Bagger nach Aufbrechen der Tankdeckel. Der Bagger war am Rand eines Betonmischwerkes abgestellt gewesen.

BezInsp P. setzte seinen Diensthund vom Bagger weg zum Stöbern nach Personen ein. Dieser konnte kurz danach augenscheinlich eine Geruchsspur aufnehmen und quer durch das Mischwerk, bis zu einem Damm nahe der dortigen Bahntrasse verfolgen. Dort verbellte der Hund eine im Gebüsch verborgene Person, welche kurz darauf festgenommen wurde.

Anschließend wurde der Diensthund versorgt und sämtliche Beamte rückten vom Einsatzort ab. Beim Wegfahren stellte BezInsp P. fest, dass soeben ein durch Bewegungssensor gesteuertes Licht mitten im Mischwerk angegangen war. Die Beamten der Diensthundestreife begaben sich daraufhin zu dieser Stelle und BezInsp P. setzte dort einen Diensthund neuerlich zum Stöbern nach Personen ein. Der Diensthund nahm unverzüglich einen Geruchsfaden auf, verfolgte diesen zielstrebig quer, circa 300 Meter durch unwegsames Gelände, bis zu einer Buschgruppe, in welcher drei verborgene Personen lagen. Diese wurden schließlich ebenfalls von den Beamten der Diensthundestreife festgenommen.

28. 5. 2011, 17.30 Uhr, Eitzenberg, Bezirk St. Pölten-Land

Polizeidiensthundeführer GrInsp Christian G. und RevInsp Hannes E. mit Diensthund „Esculap le Bosseur", Belgischer Schäferhund (PDHF G.) Weitere Beamte: GISch, RI M. der PI Böheimkirchen.

Sachverhalt: Anforderung der DH-Streife zur Fahndung nach drei flüchtigen Tätern. Sie waren in Schallaburg (Melk) bei einem ED in ein Haus betreten worden und flüchteten mit einem KFZ, wobei sie von Polizeistreifen verfolgt wurden. Bei Schönfeld (Neulengbach) verunfallten die Täter und setzten ihre Flucht zu Fuß fort.

GrInsp G. setzte seinen Diensthund in einem Waldstück, nahe dem verunfallten KFZ der Täter, zum Stöbern nach Personen ein. Im Wald konnten immer wieder Fußabdruckspuren – offensichtlich der flüchtigen Täter – aufgefunden werden. Der Diensthund verfolgte die Spur schließlich bis zum Wirtschaftsgebäude eines alleinstehenden Gehöftes. Dort bemerkte einer der Beamten abgeknickte Zweige vor einem Loch im Holztor zum Wirtschaftsgebäude. Nach vorangegangener Täteransprache sandte GI G. seinen Diensthund zum Stöbern nach Personen in das Objekt. Der Hund konnte darin drei verborgene Täter aufstöbern und zeigte diese durch Verbellen an. Alle drei Täter konnten von den Polizeikräften festgenommen werden.

3. 11. 2010, 02.00 Uhr, Pottenbrunn, Pergenstraße – St. Pölten

Polizeidiensthundeführer AbtInsp Erwin Z. mit Diensthund „Efendi vom Patscherkofel", Deutscher Schäferhund. Weitere Beamte: Beamte des SPK St. Pölten.

Von Beamten des Stadtpolizeikommandos St. Pölten wurde ein russischer Staatsbürger mit Diebsgut aufgegriffen. Von den Beamten konnte erhoben werden, dass in der Nähe des Anhalteortes vier Baustellencontainer aufgebrochen worden waren und unweit von dort Säcke mit Diebsgut gebunkert wurden. Da ein weiterer, geflüchteter Täter vermutet wurde, wurde die Diensthundestreife angefordert.

AbtInsp Z. setzte seinen Diensthund am Bunker zur Fährte an. Der Hund konnte sogleich eine solche aufnehmen und bereits nach circa 40 Metern ein Taschenmesser auffinden. Nach Sicherstellung verfolgte der Hund circa 80 Meter die Fährte weiter und fand im dichten Gebüsch den zweiten Täter auf. Dieser wurde von den Beamten der DH-Streife festgenommen.

31. 5. 2012, 12.00 Uhr, Bruck an der Leitha, Lagerstraße 5

Polizeidiensthundeführer KontrInsp Johann H. mit „Kosmo", Belgischer Schäferhund, und GrInsp Karl Sch. mit Diensthund „Ikarus von todos los santos", Riesenschnauzer.

Sachverhalt: Nach Brand eines Lokals wurden die beiden Brandmittelspürhundeführer vom Landeskriminalamt NÖ zur Unterstützung bei Klärung der Brandursache angefordert.

Die beiden Brandmittelspürhunde wurden abwechselnd im Brandobjekt zur Suche nach Lösungsmittelsubstanzen eingesetzt, wobei die Diensthunde an insgesamt zehn Stellen Anzeigeverhalten setzten.

Nach Sicherung des dortigen Brandschuttes konnten durch das Büro Kriminaltechnik im Bundeskriminalamt Brandbeschleuniger im Brandschutt nachgewiesen werden. Hierdurch wiederum war es dem Landeskriminalamt möglich, den Sachverhalt aufzuklären und Brandstiftung mit einer Schadenssumme von 1.000.000,- Euro nachzuweisen.

15. 5. 2012, 10.00–19.30 Uhr, Gemeindegebiet von Gablitz, Bezirk Wien Umgebung

Polizeidiensthundeführer GrInsp Roman Sch. der PDHI St. Pölten mit Diensthund „Aisa Pandora", RevInsp

Sabrina L. der PDHW Wien, Tasso Süd mit Diensthund „Hardock vom Saggautal", Belgischer Schäferhund.

Sachverhalt: Am 26. 04. 2012 wurde in einer Waldfläche in Gablitz eine in einem Paket verschnürte Leiche gefunden. Dem Landeskriminalamt gelang es, einen Tatverdächtigen zu ermitteln und eine Hausdurchsuchung an dessen Wohnadresse in Wien zur Auffindung von ev. Beweismitteln zu erwirken. Zur Unterstützung wurden die oben genannten PDHF mit ihren beiden Leichen- und Blutspürhunden hinzugezogen.

Durchsucht wurden die Wohnung samt Kellerabteil und der PKW des Tatverdächtigen. Im Kellerabteil setzten beide eingesetzten Diensthunde an mehreren Stellen Anzeigeverhalten, wobei anschließend sofort von Beamten der Tatortgruppe anhand eines Schnelltestes menschliches Blut nachgewiesen werden konnte. Weiters fanden die Diensthunde in einem Küchenkorpus einen Vorschlaghammer mit Anhaftungen von menschlichem Blut.

Die von den Diensthunden angezeigten Spuren wurden professionell von Beamten der Kriminalabteilung/Tatortgruppe gesichert und einer gerichtsmedizinischen Untersuchung zugeführt.

14. 11. 2019, 20.10–03.05 Uhr, Gablitz, Bezirk Wien Umgebung

Polizeidiensthundeführer BezInsp Markus P. mit „Gundo od Meszta", Belgischer Schäferhund, RevInsp Hannes E. mit Diensthund „King le Bosseur", Belgischer Schäferhund.

Am 14. 11. 2009, kurz vor 20.00 Uhr, versuchten Beamte der PI Gablitz routinemäßig ein Fahrzeug anzuhalten und dessen Insassen zu kontrollieren. Die Insassen entzogen sich jedoch plötzlich der Kontrolle und ergriffen zu Fuß die Flucht. Während der anschließenden Fahndung konnten die Flüchtigen mit einem Einbruchsdiebstahl in ein Wohnhaus in Streithofen (Bezirk Tulln) in Zusammenhang gebracht werden. Bei der folgenden Fahndung wurden auch zwei Diensthundestreifen, besetzt mit den o. a. PDHF, eingesetzt.

RevInsp E. setzte seinen Diensthund am Täterfahrzeug zur Fährte an und konnte eine solche durch mehrere Gartenanlagen bis in das Ortsgebiet von Gablitz verfolgen. Dort verlor der Hund die Fährte, weshalb beide Diensthunde in vielen verschiedenen Gartenanlagen und auch in einem Waldstück im dortigen Bereich zum Stöbern nach Personen eingesetzt wurden. Gegen 23.00 Uhr bemerkte eine Privatperson schließlich eine aus seinem Garten laufende Person und erstattete hierüber Anzeige. BezInsp P. setzte daraufhin seinen Diensthund im dortigen Bereich zum Stöben nach Personen an. Der Hund konnte zuerst im Garten des Anzeigers ein Mobiltelefon auffinden, welches der Täter dort augenscheinlich versteckt hatte. Anschließend verfolgte der Hund eine circa 800 Meter lange Fährte im gegenüberliegenden Wald, verlor diese aber letztendlich. Deshalb wurde der Hund im umfriedeten Garten eines Einfamilienhauses, neben dem Ausgangspunkt der Fährte, zum Stöbern nach Personen eingesetzt. Der Diensthund konnte dort eine verborgene Person auffinden und anzeigen. Diese Person wurde schließlich gegen 01.00 Uhr von den Beamten der Diensthundestreife festgenommen.

3. 8. 2014, 06.50 Uhr, Pressbaum, Dürrwienstraße 2

Polizeidiensthundeführer BezInsp Christian M. mit Diensthund „Nanook vom Talka Marda", Deutscher Schäferhund. Weitere Beamte: GrInsp Martin SCH. der PI St. Pölten-Linzerstraße.

Die Diensthundestreife wurde um 06.25 Uhr von Beamten der PI Pressbaum angefordert, da dort soeben zwei Täter in einen Baustellencontainer eingebrochen hatten. Einer der beiden Täter konnte sogleich von Beamten der PI Pressbaum festgenommen werden. Der andere flüchtete in ein Waldstück. Der dortige Bereich wurde von Kräften des Bezirkes und der Landesverkehrsabteilung umstellt.

BezInsp M. setzte seinen Diensthund zur Fährte ein. Der Hund konnte eine solche aufnehmen und circa 100 Meter im Wald verfolgen. Dort sichteten die Beamten der Diensthundestreife den Täter und konnten diesen festnehmen.

7. 8. 2015, 23.30 Uhr, Gemeindegebiet Obergrafendorf,

Parkplatz beim Festival „Love Lake", Bezirk St. Pölten-Land. Polizeidiensthundeführer AbtInsp Markus P. mit Diensthund „Chalewid vom Wolfsschlössel", Belgischer Schäferhund.

Die Beamten der Diensthundestreife führten im Rahmen der Überwachung des Festivals „Love Lake" in Obergrafendorf eine Fußstreife am dortigen Parkplatz durch. Hierbei fiel den Beamten eine Person auf, welche zufolge Alter und Aussehen kein typischer Gast der dortigen Veranstaltung war. Die Person wurde deshalb einer genauen Kontrolle unterzogen, wobei auch der Suchtmittelspürhund des AbtInsp P. im PKW des Verdächtigen eingesetzt wurde. Der Diensthund konnte ein Säckchen mit über 100 Stück Ecstasy-Tabletten im KFZ des Verdächtigen, versteckt in der zweifach teilbaren Mittellehne der Rückbank, auffinden.

Die Suchtmittel wurden sichergestellt und der Verdächtige den Kriminalbeamten des Bezirkes St. Pölten-Land zur Vernehmung übergeben.

16. 2. 2015, 18.55 Uhr, Loosdorf, Mozartstraße

Polizeidiensthundeführerin RevInsp Elke B. mit Diensthund Riesenschnauzer „Ajax". Am 16. 02. 2015, um 18.18 Uhr, wurde Anzeige über einen soeben verübten Einbruchdiebstahl in Loosdorf und zwei flüchtige Täter erstattet.

RevInsp B. ging unverzüglich zur Unterstützung bei der anlaufenden Fahndung nach Loosdorf ab. Am Tatobjekt setzte sie ihren Diensthund zur Fährte an und verfolgte diese über einige Grundstücke, die Geleise der Westbahn bis zu einem Rübenlagerplatz. Dort verlor der Hund kurzzeitig die Fährte, konnte sie jedoch nach dem Rübenlagerplatz wieder auffinden und letztendlich auf einer Wiesenböschung einen verborgen liegenden Täter auffinden. Der Täter wurde am Auffindungsort gebunden und anschließend mit Unterstützung weiterer Beamter festgenommen.

24. 2. 2013, Herzogenburg, Firma Georg Fischer – Traisenradweg

Polizeidiensthundeführer GrInsp Franz R. mit Diensthund: Deutscher Schäferhund „Restan Policia". Weitere Beamte GrInsp Norbert F. der Verkehrsinspektion St. Pölten.

Am 23. 02. 2013, um 23.50 Uhr, wurde die Diensthundstreife zu einem Einsatz in Herzogenburg beordert: Es wurde mitgeteilt, dass im Laufe der letzten Monate insgesamt sechs Mal hochwertiges Industriegranulat aus dem Firmengelände der Firma Fischer gestohlen wurde und das Areal jetzt daher von einer Sicherheitsfirma überwacht wird. Ein Angestellter der Firma habe kurz zuvor die Täter auf einem Videoüberwachungssystem beobachten können.

Die Beamten der Diensthundestreife begaben sich nach Einsatzbesprechung zum gegenständlichen Objekt und stellten fest, dass der Zaun an der Rückseite aufgeschnitten worden war und dort zwei Säcke Granulat bereitgelegt wurden. GrInsp R. setzte seinen Diensthund an der beschädigten Stelle am Zaun zur Fährte an. Der Hund konnte eine solche aufnehmen und etliche 100 Meter über teils schwieriges Gelände verfolgen, wobei die flüchtigen Täter auch mehrmals die Richtung geändert hätten. Nach einiger Zeit schloss GrInsp R. aus dem Verhalten seines Diensthundes, dass ein Täterkontakt unmittelbar bevorstand, versah seinen Diensthund deshalb mit Maulkorb und sandte diesen frei zum Stöbern nach Personen. Der Diensthund konnte – circa nach 250 Metern – zwei am Traisenufer teils im Wasser liegende Personen aufstöbern und durch mehrere Maulkorbattacken an der weiteren Flucht hindern.

Die beiden Täter wurden, nach Abgabe eines Schreckschusses, von den Beamten der Diensthundestreife festgenommen.

22. 6. 2012, Amstetten, Fabrikstraße 4

Polizeidiensthundeführer RevInsp Manfred G. mit Diensthund Deutscher Schäferhund „Aron"

Weitere Beamte: GrInsp Gernot H. der PI Amstetten.

Am 22. 06. 2012, um 04:55 Uhr, wurde die Diensthundestreife nach Amstetten, Fabrikstraße, beordert, um die Fahndung nach einem soeben geflüchteten Täter nach ED zu unterstützen. Während der Bestreifung des dortigen Gebietes mit dem zivilen Dienst-KFZ wurde eine zur Personsbeschreibung passende Person wahrgenommen. Die Beamten hielten das Fahrzeug daher an einer nicht einsehbaren Stelle an und RevInsp G rüstete seinen Diensthund mit Maulkorb aus. Anschließend näherten sie sich zu Fuß dem Standort der Person und sprachen diese mit „Halt, Polizei" an und forderten sie zum Stehenbleiben auf. Die Person ergriff jedoch unverzüglich die Flucht. RevInsp G. brachte daraufhin seinen Diensthund mit Maulkorb zum Einsatz. Der Hund holte den Flüchtenden ein und stoppte diesen durch mehrere Maulkorbattacken, sodass auch die Beamten aufschließen und den Täter festnehmen konnten.

20. 10. 2016, Leobersdorf, Günselsdorfer Straße 2, Bezirk Baden

Polizeidiensthundeführer GrInsp Markus St. mit Diensthund Schäferhündin „Akita".

Weitere Beamte LKA für NÖ, Suchtmittelgruppe.

Die Beamten des Landeskriminalamtes für NÖ ersuchten bei Vollziehung einer gerichtlich angeordneten Hausdurchsuchung um Unterstützung durch einen Suchtmittelspürhundeführer.

GrInsp St. durchsuchte mit seiner Hündin die Wohnung der Beschuldigten und konnte, in drei Schränken versteckt, insgesamt 7 Kilogramm Marihuana und 0,5 Kilogramm Kokain auffinden.

14. 6. 2016, Aggsbach Markt 15, Bezirk Krems-Land

Polizeidiensthundeführer GrInsp Hannes E. mit Diensthund Belgischer Schäferhund „Rasco vom strengen Winter". Weitere Beamte: Beamte der PI Spitz.

GrInsp E. wurde mit seinem Barmittelspürhund zur Suche nach versteckten bzw. gestohlenen Banknoten angefordert. Beamte der PI Spitz hatten nämlich einen Akt „Schwerer Diebstahl von über 30.000 Euro" zu bearbeiten, vermuteten jedoch, dass das Geld verlegt worden war.

Bei Durchsuchung der Wohnung mit dem Barmittelspürhund konnte dieser insgesamt 32.000,- Euro in zwei verschiedenen Verstecken auffinden, wobei sich die „Geschädigten" nicht mehr an diese erinnern konnten. Der Akt konnte somit geschlossen werden.

31. 1. 2013, 20.58 Uhr, Klosterneuburg, ENI Tankstelle

Polizeidiensthundeführer RevInsp Roman Sch. mit Diensthund Belgischer Schäferhund „Hardock vom Saggautal".

Weitere Beamte: GrInsp S. Christian der PI Weidling

Die Diensthundestreife wurde zur Unterstützung bei der Fahndung nach einem geflüchteten Täter nach Raubüberfall auf die ENI Tankstelle in Klosterneuburg angefordert. Der Täter war zufolge Angaben der Geschädigten mit einer Pistole bewaffnet.

RevInsp Sch. setzte seinen Diensthund am Fluchtweg (war von der Geschädigten beschrieben worden) zur Fährte an. Der Hund nahm eine solche auf und verfolgte sie über die Geleise der Franz-Josefs-Bahn in das dortige Industriegebiet. An einem Zaun zur Grenze an eine der dortigen Firmen zeigte der Diensthund reges Interesse. Eine Täteransprache durch und Ankündigung des Diensthundeeinsatzes brachte keinen Erfolg. Daher setzte RevInsp Sch. seinen Diensthund zum „Stöbern nach Personen" durch ein Loch im Zaun im genannten Areal ein. Aus Eigensicherungsgründen überstiegen die Beamten den Zaun vorerst nicht.

Der Hund verbellte schließlich eine offensichtlich unter einer Hecke verborgene Person. Nach Aufforderung, sich ruhig zu verhalten, überstiegen die Beamten den Zaun und begaben sich gesichert in Richtung des Hundes. Der im Strauchwerk liegende Täter trat währenddessen auf den Diensthund ein, wonach dieser den Täter attackierte und in den Oberschenkel biss. RevInsp Sch. konnte schließlich seinen Hund vom Täter trennen und diesen gemeinsam mit GrInsp S. festnehmen.

Nach Erstversorgung des verletzten Täters und Übergabe an eine weitere Streife suchten die Beamten der Diensthundestreife nach der fehlenden Tatwaffe und konnten diese auch unweit des Festnahmeortes auffinden. Es handelte sich um eine Spielzeugpistole, Nachbau einer Walther P99.

17. 3. 2009, Haag, Bezirk Amstetten

Polizeidiensthundeführer GrInsp Franz R. mit Diensthund: Deutscher Schäferhund „Restan Policia".

GrInsp Franz R. wurde zur Unterstützung bei der Suche nach einer 80-jährigen Frau angefordert. Die Gesuchte war stark dement und seit einigen Stunden aus einem Altersheim abgängig. Die Dame war nur mit einem Nachthemd bekleidet und im Freien, bei Minusgraden und im Schnee unterwegs.

GrInsp R. setzte seinen Diensthund entlang der Strecke eines Rundwanderwegs, welcher auch beim gegenständlichen Altersheim vorbeiführt, zum Stöbern nach Personen ein. Nach circa 1,5 Stunden Sucharbeit fand der Diensthund die gesuchte Person, circa 1 km vom Altersheim entfernt, neben dem Wanderweg liegend. Die Dame war unterkühlt und unverletzt, jedoch nicht mehr in der Lage, sich selbst zu erheben. Die kommende Nacht im Freien hätte sie aller Wahrscheinlichkeit nach nicht überlebt.

• POLIZEIDIENSTHUNDEINSPEKTION WIENER NEUSTADT

Kommandant: KontrInsp Joachim RATHMANNER
Kdt-Stellvertreter: AbtInsp Josef STEFAN

Die Polizeidiensthundeinspektion Wiener Neustadt befindet sich in 2700 Wiener Neustadt, Neunkirchner Straße 65. Insgesamt versehen zwölf Beamte hier ihren Dienst, davon zwei Suchtmittelspürhunde, zwei Sprengstoffspürhunde, zwei Spezialfährtensuchhunde.

KontrInsp Joachim RATHMANNER: „Ich begann mit 18 Jahren bei der Wiener Polizei, um Hundeführer zu werden – das war mein größter Wunsch. Im Februar 1996 begann ich in Wien Strebersdorf mit dem Grundkurs

KontrInsp Joachim Rathmanner mit „Igor" und dessen Nachfolger

– ein deutscher Schäferrüde, zweieinhalb Jahre. Ausbildung zum Leichensuchhund. Im Jahr 2000 bildete ich den Nachfolger aus, der auch u. a. zum Leichen- sowie auch zum Blut-Spurensuchhund ausgebildet wurde. Bis zum 31. Juli 2006 war ich Hundeführer und Dienstführender in Wien-Oberlaa, Stützpunkt Wien SÜD.

Ab 01. 08. 2006 Kommandant-Stellvertreter auf der Polizeidiensthundeinspektion Wiener Neustadt, die neu gegründet wurde. Bis Mai 2008 waren wir in der Brunner Straße Nr. 40 stationiert.

Neueröffnung der Diensthundeinspektion Wiener Neustadt am jetzigen Standort Oktober 2008 durch Frau Bundesminister für Finanzen Maria Fekter, und im Mai 2011 übernahm ich den Posten des Kommandanten der Diensthundeinspektion.

Diensthundeeinsätze:
1996 Banküberfall in Wien Landstraße:

Ich war gerade fertig mit der Grundausbildung zum Polizeidiensthundeführer, da fuhren alle vier Tassowagen von Wien Strebersdorf, wo ein Übungstag stattfand, in den 3. Bezirk nach einem Banküberfall.

Der Zeuge gab an, einen vermummten Mann in eine Wohnhausanlage laufen gesehen zu haben. Die WEGA durchsuchte alle Stiegenhäuser und die Wohnungen, die Hundeführer durchsuchten das riesengroße Kellerareal, das über keine Beleuchtung verfügte und mehr als hundert Kellerabteile beinhaltete.

Da der Täter nirgends aufgefunden werden konnte und auch keine weiteren Hinweise einlangten, standen alle Kollegen im Hof und wir besprachen die weitere Vorgangsweise.

Ich fragte meinen damaligen Vorgesetzten, ob ich zu Übungszwecken mit meinem frisch ausgebildeten Diensthund in den Keller gehen könnte, wo ich den deutschen Schäferrüden „Pit vom Soistal" zum Stöbern

PDHF-Mannschaft

nach Personen, mit Maulkorb versehen, einsetzte, wobei ich annahm, dass alles „sauber" war.

Nach kurzer Zeit vernahm ich das Gebell des Rüden und wie er offensichtlich mit einer Person kämpfte. Ohne auf die Gefahr zu achten, einfach nur um meinem vierbeinigen Begleiter zu helfen, eilte ich in die Richtung der hörbaren Kampfhandlung und konnte den Täter wahrnehmen, der am Boden liegend meinen Hund abzuwehren versuchte.

Trotz Maulkorb beschäftigte Pit den Räuber dermaßen, dass es ihm unmöglich war, sein Messer bzw. den Pfefferspray einzusetzen.

Flugtauglichkeitsüberprüfung der Hunde

Die herbeieilenden Kollegen und ich konnten den Täter schließlich überwältigen, der ein ausgebildeter Fremdenlegionär war und auf Waffen bestens geschult.

2009 Sollenau

Schussverletzung eines Mannes: Der junge Mann gab an, von einem Unbekannten angeschossen worden zu sein, später revidierte er seine Aussage und gab zu, sich beim Hantieren im Auto selbst mit einer Pistole irrtümlich angeschossen zu haben.

Die Kollegen von der Kripo vor Ort wiesen mir ein Areal in einer Größenordnung von circa 20.000 qm zu, wo der Mann die Waffe entsorgt haben könnte.

Ich setzte den damals noch sehr unerfahrenen jungen Polizeidiensthund „Igor von der Wolfskralle", der auf den menschlichen Geruch auf der Waffe trainiert ist, zum Stöbern nach Gegenständen ein.

Er bemühte sich redlich und nach insgesamt fast 40 Minuten, ich beobachtete das Tier ganz genau, lief er durch eine Gebüschgruppe, wo es ihn im Laufen förmlich riss. Aufgrund seines Verhaltens animierte ich das Tier und sagte zu ihm: „Zeig mir die Waffe!" Er wendete und zeigte mir im Gebüsch durch das Hinlegen einen Gegenstand an, der zwischen seinen Vorderläufen sein sollte. Da ich zuerst nichts sah, grub ich das Laub und lose Erdreich mit den bloßen Händen weg und fand in einer Tiefe von einigen Zentimetern die gesuchte Pistole.

Meine Freude über diese Leistung kannte keine Grenzen.

2010 Verschiebebahnhof Wiener Neustadt

Ein aufmerksamer Passant teilte mir mit, dass sich in einem nahegelegenen Waggon im Bereich des Verschiebebahnhofes dubiose Gestalten aufhalten.

Ich ging im Zuge meiner Fußstreife zu dem besagten Verschubgelände und nahm drei Waggons wahr, auf die die Beschreibung des Zeugen passte. Ich dachte an Unterstandslose, die sich des Öfteren hier aufhalten, deshalb forderte ich auch keine Verstärkung an und betrat den ersten Waggon.

Auch der Welpe darf schon beißen

Da der erste leer war, durchsuchte ich mit meinem PDH „Igor von der Wolfskralle" den zweiten, und zum Schluss betrat ich den dritten Waggon. Am Ende des Waggons war eine geschlossene Tür, wo ich beim Öffnen vier Männer wahrnahm, die sich erschreckt zeigten. Ich sah eine Menge Diebsgut, das die Männer gerade fein säuberlich verpackten.

Da ich fast zwanzig Jahre in Wien Dienst gemacht hatte und einige russische Phrasen intus hatte, nahmen alle vier Männer auf meine Aufforderung „Rucke werh" die Hände in die Höhe und sahen mich erstaunt an.

Ich war mit den vier Tätern circa fünf Minuten alleine, mein vierbeiniger Freund bewachte die Täter und machte mit seinen fast 50 Kilogramm einen so imposanten Eindruck, dass keiner der vier auf dumme Gedanken kam.

Es stellte sich im Nachhinein heraus, dass die vier Slowaken, die Russisch verstanden, quer durch Mitteleuropa zogen und einbrachen und auch gefälschte Dokumente bei sich hatten.

Dezember 2016 Steiermark – Auffinden von circa 15 kg Heroin

Amtshandlung durch das LKA NÖ – Anhaltung eines türkischen LKWs mit Verdacht auf die Mitführung von Suchtmitteln.

Mithilfe von zwei Suchtmittelspürhunden der Diensthundeinspektion Wiener Neustadt konnten insgesamt vier Feuerlöscher im LKW gefunden werden, bei denen die Druckanzeigen (Manometer) überall auf null standen und keinen Druck anzeigten.

Beim Öffnen der Druckbehälter staunten die Beamten nicht schlecht, denn zum Vorschein kam braunes Pulver, welches sich als Heroin herausstellte. Das mitgeführte Suchtgift betrug bei diesem Transport circa 15 Kilogramm.

Bei der Ausbildung von PSH (Personenspürhunde) wird der Schwerpunkt von Beginn an auf die Fährtenarbeit gelegt. Ziel ist, dass die Hunde nicht wie bei der normalen Fährte nur Bodenverletzungen verfolgen, sondern menschlichen Geruch. Somit ist auch eine Fährtenarbeit im verbauten Gebiet, also auf Asphalt, möglich. Derzeit ist geplant, dass die Hunde zuerst ihre „Personenspürhunde-Prüfung" ablegen und dann bereits z. B. abgängige Personen suchen dürfen. Wenn die Fährte abgeprüft ist, erfolgt die restliche Ausbildung, also Schutzdienst, Stöbern nach Personen und Gegenständen.

Ende des 19. Jahrhunderts kam man schön langsam darauf, was es eigentlich mit unserem besten Freund, dem Hund, mit seinem zigfachen besseren Geruchssinn als beim Menschen, für Möglichkeiten gibt. So ist der Hund nach intensivem Training in der Lage, die verschiedensten Sachen und Lebewesen aufzuspüren.

VIII. Österreichische Zolldiensthunde

Mit Erlass des Bundesministeriums für Finanzen vom 16. August 1947 wurde der Zollwachdienst durch die Umwandlung der Kontrollabschnitte in Zollwachabteilungsinspektorate neu organisiert. Erstmals wurden darin unter anderem auch die Ausbildung, Verwendung und Pflege der Diensthunde geregelt.

Die 1. Zollwache-Diensthundeschule wurde nach dem Krieg in Niederösterreich an der Grenze zur CSR in Baumgarten errichtet und bis 1977 betrieben.

Beim ältesten Wachkörper, der Zollwache, leisteten Hunde bereits vor dem Jahr 1947 im Grenzdienst Gefolgschaft. Die damals primär für die Überwachung der Bundesgrenze eingesetzten Beamten nahmen ihre privaten vierbeinigen Begleiter aufgrund der ausgeprägten Sinnesorgane zur eigenen Sicherheit mit in den Dienst. Positive Erfahrungen untermauerten die Zweckmäßigkeit der Mitnahme von Hunden.

1951 wurden die ersten Hunde offiziell in den Dienst gestellt, als Schutzhunde ausgebildet und den Beamten zugewiesen. Um eine Geißel unserer Zeit, den Drogenschmuggel, zu bekämpfen, erweiterte man Anfang der 70er Jahre das Ausbildungsprogramm um den Bereich Suchtgift, und die Diensthunde wurden zusätzlich, nach deutschem Vorbild, auch zu Suchtgiftspürhunden ausgebildet. Diese Lehrgänge erfolgten

damals in der Zollwach-Diensthundeschule in Baumgarten an der March (NÖ). Dort war der weithin bekannte Hundefachmann AI Franz Killian als Ausbildungsleiter tätig.

Aufgrund interner Strukturänderungen wurde im Jahr 1982 die Ausbildungsstätte für die Diensthunde der Zollwache aus dem Marchfeld in die Steiermark, nach Graßnitzberg, verlegt. Da sich der Trend beim Drogenkonsum immer mehr hin zu harten Drogen entwickelte, dehnte der damals zuständige Leiter der Diensthundeschule, CI Walter Walch, das Suchtgifttraining auch auf Heroin, Kokain, Opiate und synthetische Drogen aus.

Nach Abschluss der Diensthunde-Grundausbildung wurden jene Zollwachhundeführer, die in Gebirgslagen den Grenzdienst verrichten mussten, mit ihren Diensthunden obendrein zu Lehrgängen nach Zell Pfarre/Kärnten beordert. An diesem Standort wurden seit den 60er Jahren Lawinensuchhunde geschult.

O. li.: Alte Zollwache Diensthundeschule Gasnitzberg Stmk.

O. re.: Zwingeranlagen

U.: Durchsuchung eines LKW

ÖSTERREICHISCHE ZOLLWACHE – DIENSTHUNDEABTEILUNG GRASSNITZBERG

Das Diensthundewesen der österreichischen Zollverwaltung vor 40 Jahren

Leiter war Zollwacheabteilungsinspektor Walter Walch. Abrichter: Zollwachegruppen-inspektor Ferdinand Kapun und Zollwachebezirksinspektor Meinrad Körbler.

Der 1. Kurs in Graßnitzberg war ein Suchtgiftsuchhundekurs und begann am 10. 10. 1977. Im Unterschied zu den anderen Exekutivkörpern waren bei der Zollwache nur Deutsche Schäferhunde eingesetzt. Die Hunde werden nach einer Überprüfung im Alter von 1 bis 2 Jahren nur von ausgesuchten Züchtern angekauft. Dabei muss der Hund Reaktionsvermögen, Verteidigungsinstinkt, Verkehrssicherheit und Schussfestigkeit mitbringen. Die Ausbildung erfolgt in fünf Lehrgängen: 52 Arbeitstage Grundausbildung für Schutz- und Suchtgiftspürhund, 25 Arbeitstage für den 1. Suchtgiftlehrgang, wo die Hunde zur Auffindung von Cannabis geschult werden. 25 Arbeitstage für den 2. Suchtgiftlehrgang, wo die Hunde Heroin und Kokain aufzuspüren lernen. Ein Härte- und Wiederholungskurs von je zwölf Arbeitstagen schließen die Ausbildung mit einer Abschlussprüfung ab. Für die Weiterbildung der Diensthunde ist der Diensthundereferent verantwortlich: So werden vierteljährlich Diensthundeübungen durchgeführt, wobei die Diensttauglichkeit festgestellt wird. Sollte der Diensthund nicht mehr entsprechen, so geht er in das Eigentum des Hundeführers über. Der Referent muss selbst Diensthundeführer sein und alle Kurse besucht haben. Zu seiner Weiterbildung werden jährlich eigene Referentenkurse abgehalten.

Das Diensthundewesen der Zollwache entwickelte sich bis zum Beitritt Österreichs zur Europäischen Union so weit, dass im Jahr 1995 an neuralgischen Punkten entlang der Bundesgrenze insgesamt 112 ausgebildete Diensthunde ihre Hundeführer bei der Überwachung und Kontrolle des Personen- und Warenverkehrs unterstützten.

Der größte Suchtgiftschmuggel, der je in Österreich über die Bühne gehen sollte, wurde durch vier Suchtgiftspürhunde der Zollwache am Grenzübergang Spielfeld aufgedeckt: Am Mittwoch, den **25. Oktober 1978,** gegen 15.55 Uhr, rollte ein Sattelschlepper mit türkischem Kennzeichen vor dem österreichischen Zollamt aus. Während der Lenker die Zollformalitäten erledigte, wurde sein Fahrzeug routinemäßig von der Suchtgifthundestaffel kontrolliert, wobei der Diensthund Max unter Hundeführer Manfred M. bei einer Verstrebung im Laderaum plötzlich anschlug. Als die drei anderen Suchtgiftspürhunde, Rex unter Führung von Friedrich Sch., Reno mit Führer Franz M. und Illo mit Führer Heinz Sch., ebenfalls an derselben Stelle anschlugen, wurde die Innenwand mit einer Schleifmaschine aufgeschnitten.

Im Hohlraum zwischen Innen- und Außenwand befanden sich 2.310 kg Haschisch in Platten- und Pulverform. Das Suchtgift dürfte für Deutschland bestimmt gewesen sein und hätte einen Schwarzmarktwert von 200 Millionen Schilling erzielt.

Bereits im Mai dieses Jahres hatten die Suchtgiftspürhunde am Grenzübergang Spielfeld 1.054 kg Suchtgift im Wert von 100 Millionen Schilling angezeigt. Das Suchtgift war in einem doppelten LKW-Boden versteckt und vom Suchtgiftspürhund Falk aufgespürt worden.

Erfolgreich werden auch die Schäfersuchtgifthunde der Zollwache in den internationalen Reisezügen eingesetzt. Diese Arbeit in den fahrenden Zügen bedeutete für die Hunde Dauerstress. Kärnten – Bahnhof Aßling (Jesenice) bis nach Villach Westbahnhof, österreichische und slowenische Zöllner kontrollieren gemeinsam die Zugreisenden. Mit dabei ist der Zolldiensthundeführer Ferdinand St. mit seinem Schäferrüden Dirk. Bei der Arbeit im Zug ist der Hund nicht angeleint. Die Übergänge von einem Waggon zum anderen sind ihm nicht ganz geheuer, und man merkt deutlich, dass er Angst hat.

Nachdem der Expresszug Belgrad–Zürich in Villach eingelaufen ist, geht es wieder mit dem nächsten Zug zurück nach Aßling. Dort wartet schon der nächste Zug nach Österreich, der Dalmatien-Express von Mostar nach Stuttgart. Dabei muss der Hund Abteile, Gepäck und alles Mögliche absuchen. Besteht der Verdacht, dass eine Peron Suchtgift in der Kleidung oder am Körper versteckt hat, wird sie von den Beamten perlustriert. Die meistens überfüllten Abteile, schlafende und alkoholisierte Personen, die verschiedensten Gerüche, dies alles ist für den Hund Schwerarbeit. Um 07.00 Uhr ist der Nachtdienst zu Ende und Führer und Hund legen sich todmüde schlafen.

So konnten durch diese Zugskontrollen in einem Zug von Italien nach Villach zwei Suchtgiftkuriere mit 3,25 kg reinem Heroin geschnappt werden. Juni 1991, eine 35-jährige Brasilianerin reiste im Schnellzug von Wien nach Mailand. Bei der Passkontrolle durch Revierinspektor St. von der Zollwache Riegersdorf setzte er auch seinen Suchtgiftspürhund Dirk ein und der erschnüffelte in der Reisetasche der Dame im doppelten Boden 2,7 kg reines Heroin. Das Rauschgift von bester Qualität hat einen Handelswert von 8 Millionen Schilling.

Kleine Mengen von Suchtgift werden von den Diensthunden fast täglich, vor allem in den westlichen Bundesländern, gefunden.

1993 versehen 130 Zollwachehunde in ganz Österreich in den Zollwacheabteilungen beziehungsweise auf den Zollämtern ihren Dienst. Gemeinsam mit ihren Führern versehen sie achtstündigen Patrouillendienst an der Staatsgrenze. Die Suchtgiftspürhunde werden nur bei den Zollämtern zur Durchsuchung verdächtiger Fahrzeuge und Personen eingesetzt. Der Diensthundeführer führt ein Erfolgsheft, in das alle Erfolge seines Diensthundes eingetragen werden. Zum Jahresabschluss muss er dieses Heft der Diensthundeabteilung vorlegen.

Den größten Erfolg konnte das Zollamt Spielfeld mit 8.000 kg Cannabis und 30 kg Heroin verbuchen, das von der Zollhundewache-Diensthund-Abteilung gefunden wurde.

Im Jahr **1999** wurde die Leitung der Zollwach-Diensthundeschule in Graßnitzberg ADir. Rudolf DRUML übertragen.

Die Arbeit dieser Zolldiensthunde hat unserem Staat sehr viel gebracht, daher war es nicht verständlich, dass man die Zahl der Diensthunde so verringerte und jetzt erst so langsam wieder erhöht.

Wie die Gendarmerie wurde auch die Zollwache 2005 aufgelöst, einige kamen zur neuen Polizei, andere zu anderen Dienststellen.

BUNDESLEITER ZOLL – DIENSTHUNDEWESEN Reg. Rat ADir. Rudolf DRUML

Mit Auflösung der Zollwache im Jahr 2004 bestellte mich das Bundesministerium für Finanzen zum Bundesleiter für das Diensthundewesen und beauftragte mich gleichzeitig mit der Neuorganisation des Diensthundewesens in der Zollverwaltung.

Mein Bestreben war immer der Kontakt zu nationalen und internationalen hundehaltenden Behörden. Dadurch verstärkte sich der Erfahrungsaustausch speziell zur tschechischen Zollbehörde. Den Kollegen aus Tschechien war aufgefallen, dass bei ihnen der Handel mit artgeschützten Tieren enorm zugenommen hat. Die Einfuhr dieser Tiere erfolgte hauptsächlich über den Flughafen in Prag. Darum machte man sich Gedanken, dass zum Auffinden von Arten auch Spürhunde eingesetzt werden könnten. So starteten dort die ersten Versuche. Unser Finanzministerium war ebenfalls bestrebt, am Flughafen in Wien derartige Hunde einzusetzen, und somit wurde ich im Jahr 2007 beauftragt, Artenschutzspürhunde auszubilden.

Reg. Rat ADir. Rudolf Druml, Bundesleiter Diensthundewesen

Eine Überlegung war es, dazu den richtigen Hund für diese Aufgabe zu finden. Ich tendierte zu einem Jagdhund, der zum überdurchschnittlichen Beute- und Spieltrieb auch noch einen ausgeprägten Jagdtrieb mitbringt. Daher entschloss ich mich für den „Zehnkämpfer" unter den Jagdhunden, nämlich den Deutsch Kurzhaar. Zu seiner Nasenstärke ist dieser Hund sehr liebevoll, anschmiegsam und kinderfreundlich.

Mittlerweile avancierte das Auffinden von artengeschützten Tieren sowie den Waren daraus zu einem weiteren Spezialgebiet unserer Diensthundestaffel. Immer mehr begeisterte mich der Deutsch Kurzhaar in unserer Aufgabe und so setzte ich diese

Hunderasse nach und nach auch als Drogen-, Tabak- und Bargeldspürhund ein. Der Erfolg gab mir Recht, denn im Zuge von internationalen Meisterschaften erkannten auch ausländische Kollegen die Fähigkeit unserer neuen Diensthunderasse. Heute werden die Deutsch Kurzhaar bereits in mehreren Ländern als Diensthunde der Polizei und Zollverwaltungen verwendet und ich bin stolz darauf, dass ich als Erster diese Rasse auf die Suche nach Arten, Drogen, Tabak und Bargeld konditionierte.

Heutzutage ist das Tätigkeitsfeld der Diensthunde sehr vielfältig und hat mit dem Aufgabenbereich aus früheren Jahren fast nichts mehr gemeinsam. Die vierbeinigen Verbrecherjäger sind unverzichtbar – ob als Begleiter ihrer menschlichen „Kolleginnen und Kollegen" bei Einsätzen, beim Aufspüren von Arten, Drogen und Zigaretten oder um Geldwäsche aufzudecken, wenn verstecktes Bargeld in verschiedensten Währungen gefunden wird.

Nur eine hervorragende Ausbildung, intensives Training und die enge Vertrautheit mit der Hundeführerin oder dem Hundeführer ermöglichen solche Höchstleistungen bei den Tieren.

Ich möchte Herrn Prof. Friedrich Brettner zur Auflage dieses Buches gratulieren und ihm gleichzeitig danken, dass er uns in seinem Buch die Möglichkeit geboten hat, das erfolgreiche Diensthundewesen der Zollverwaltung präsentieren zu dürfen. Zudem war es erfreulich, dass er sich die Zeit genommen hat, uns persönlich auf mehreren Einsätzen zu begleiten und sich dadurch selbst vom Können unserer Hunde zu überzeugen.

„Dass mir mein Hund das Liebste sei,
sagst du, oh Mensch, ist Sünde,
doch mein Hund bleibt mir im Sturme treu,
der Mensch nicht mal im Winde."
(Franz von Assisi)

Reg.Rat ADir. Rudolf Druml
Bundesleiter Diensthundewesen

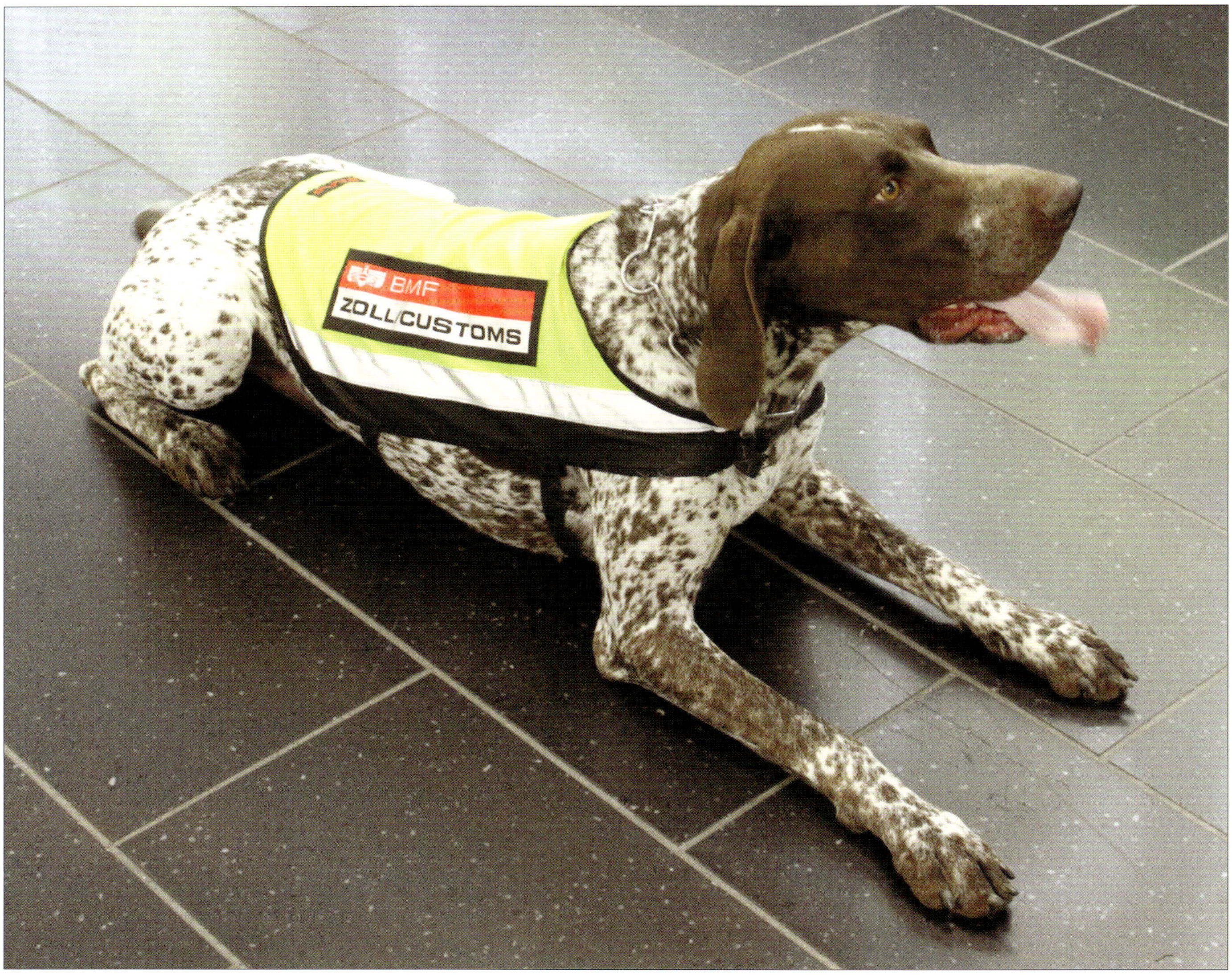

Re. und nächste Seite: Beim Zoll eingesetzte Hunderassen

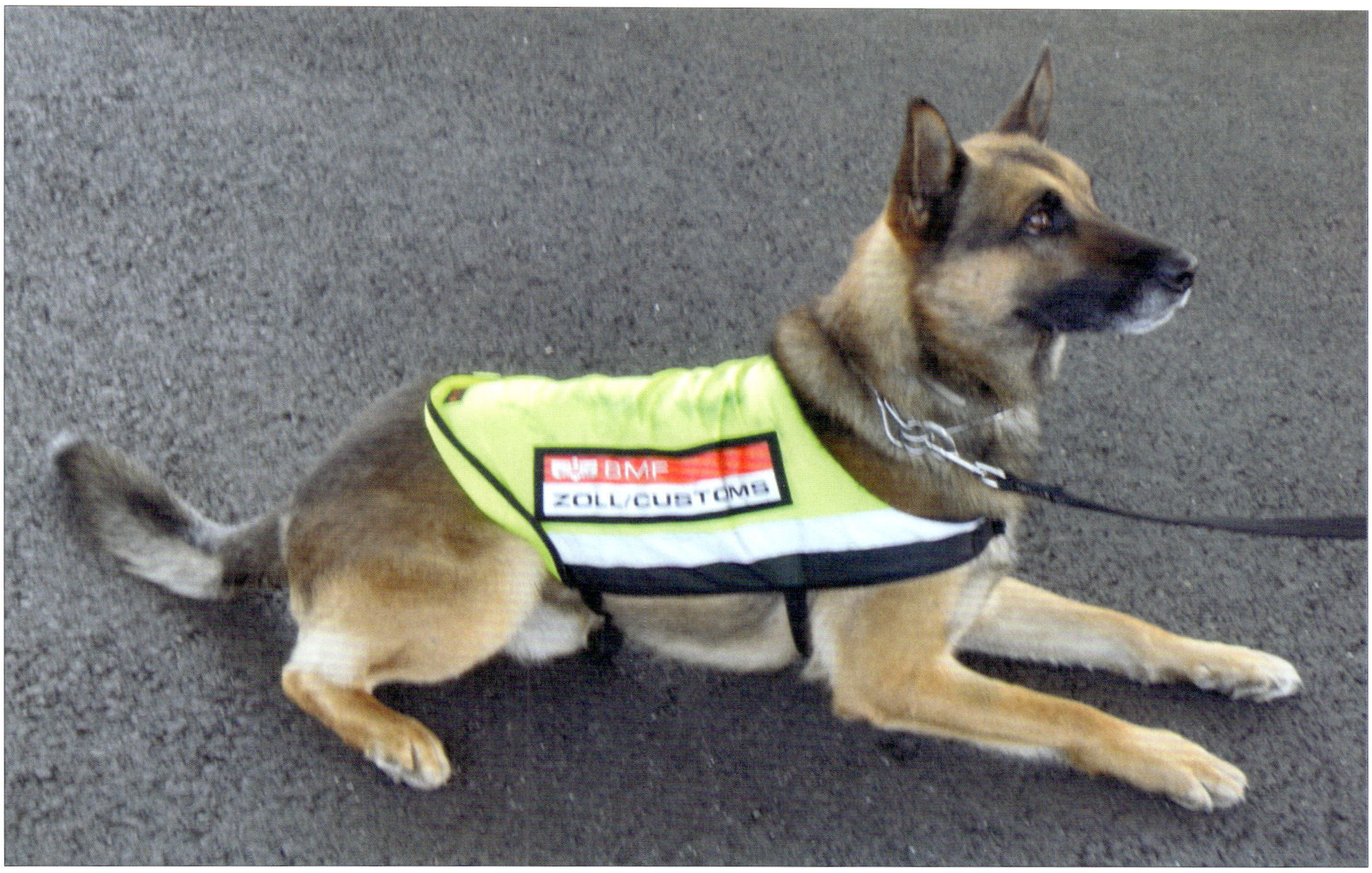

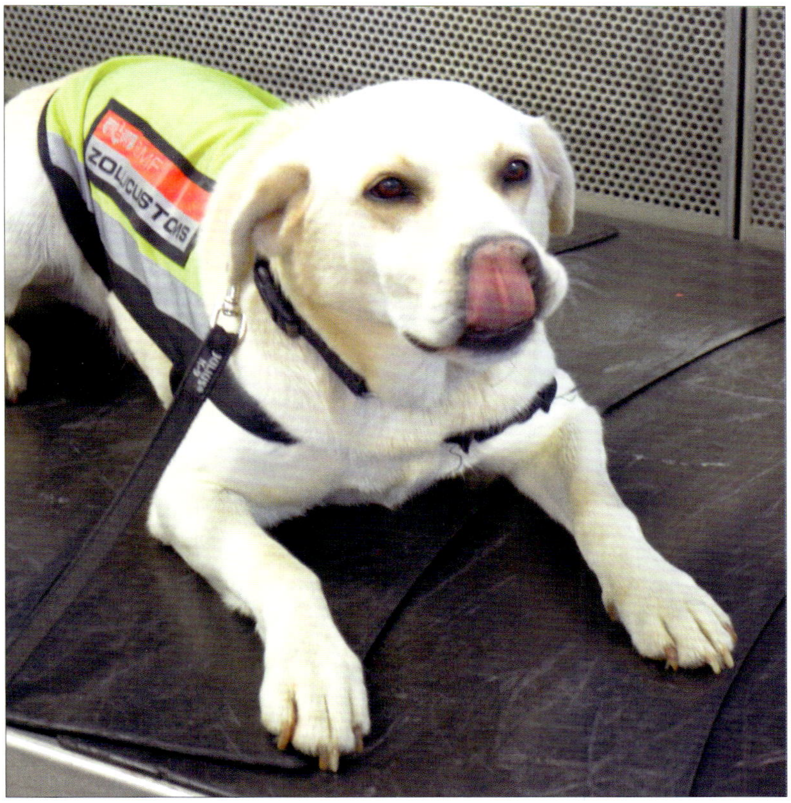

Beitritt Österreichs zur Europäischen Union, Schengenabkommen

Während früher die Diensthunde größtenteils als Schutzhunde bei den Patrouillen entlang der Staatsgrenze und als Drogenspürhunde ausgebildet waren, wurde das Diensthundewesen neu gegliedert.

Der Diensthundestand wurde von 74 auf 32 Hunde reduziert und die Ausbildung von Sprengstoff-Spürhunden eingestellt.

Zolldiensthunde sind jetzt in stationären und mobilen Gruppen im gesamten Bundesgebiet unterwegs.

Eingesetzte Hunde in stationären Stützpunkten – Flughäfen:

Deutsch Kurzhaar, Labrador, Flat Coated Retriever, Englische Springer Spaniel.

Mobile Gruppen – gesamtes Bundesgebiet:

Deutsche und Belgische Schäferhunde verfügen außer einer Spürhundeausbildung auch über eine Schutzhundeausbildung. Der Hund wird im Alter von einem Jahr seiner Führerin – Führer zugeteilt und lebt in der Familie als Familienmitglied.

Mit einem Jahr beginnt seine Ausbildung. Wobei jeder Hund aufgrund seiner besonderen Veranlagung entweder als Bargeld- und Drogenspürhund, Tabak-, Drogen und Schutzhund ausgebildet wird.

Nur die Artenschutzhunde werden auf 20 verschiedene Gerüche konditioniert. Die Ausbildung dauert 1 bis 1,5 Jahre.

Der ausgebildete Spürhund ist in der Lage, Drogen, Tabakerzeugnisse, größere Bargeldbeträge sowie artengeschützte lebende Tiere und tierische Erzeugnisse in Fahrzeugen, Gepäckstücken oder am Körper aufzuspüren.

Der Hund wird nach seinem 10. Geburtstag dem Hundeführer übergeben, wo er dann in der Familie seinen Lebensabend verbringen wird.

4. 7. 2012 Von der Leitung des Tiergartens Schönbrunn wurden den Zollbehörden zwei neue Artenschutzhunde gesponsert und vorgestellt.

Erfolge:

Von den Zolldiensthunden wurden im Jahr 2015 insgesamt **1,506.880** Stück Zigaretten gefunden und ein Strafbetrag von **209.391 •** eingehoben Dieser Strafbetrag ist nur ein Bruchteil der Einnahmen bei **89** Erfolgen im **Tabakbereich.** Der genaue Betrag kann erst nach Abschluss der Ermittlungen festgestellt werden.

Die **Suchtmittelaufgriffe** durch die Diensthunde stiegen gegenüber dem Vorjahr um 600 % auf **173 Anzeigen** und die sichergestellte Menge betrug 264 Kilogramm.

Dabei handelte es sich um Cannabisharz und Cannabiskraut; Khat, Kokain, Heroin, Crystal Meth und Speed.

Diese Erfolge waren durch die Erhöhung des Diensthundestandes, die Aufgriffe beim Zollamt in Innsbruck und die Beschlagnahme der Großmengen von Khat am Flughafen Wien möglich.

21 Aufgriffe mit Anzeigen nach dem **Artenschutzgesetz** sowie nach Produkten von Mengen an Fleisch nach dem Tierseuchenrecht.

Beschlagnahmt wurden lebende und tote Tiere, Steinkorallen, Kaviar, Elfenbein, Schlangenweine, Krokoartikel, Wildtrophäen und Unmengen an Fleisch und tierischen Erzeugnissen.

Bargeldbereich, die Aufgriffe der **Bargeldspürhunde** am Flughafen Wien und an der Schweizer Grenze: 14 Aufgriffe, Summe **421.085** Euro.

Diensthund Bresco in Vorarlberg bei einer Hausdurchsuchung: **150.000** Euro nach Assistenzleistung der Steuerfahndung.

Re. u. nächste Seite: Einsatzübung der Zoll-Schütz- und Suchhunde

Von den DFH angezeigte und beschlagnahmte Zigaretten, Tabakwaren, Bargeld

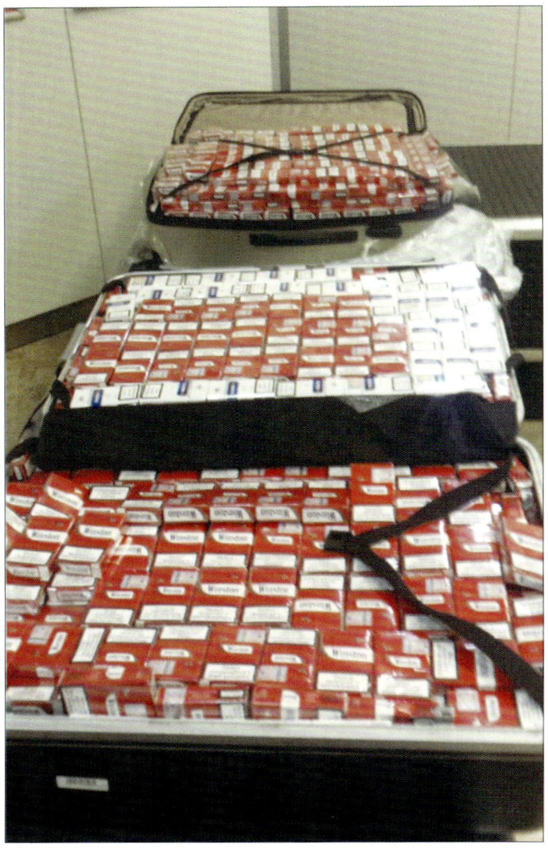

Beschlagnahmtes Suchtgift

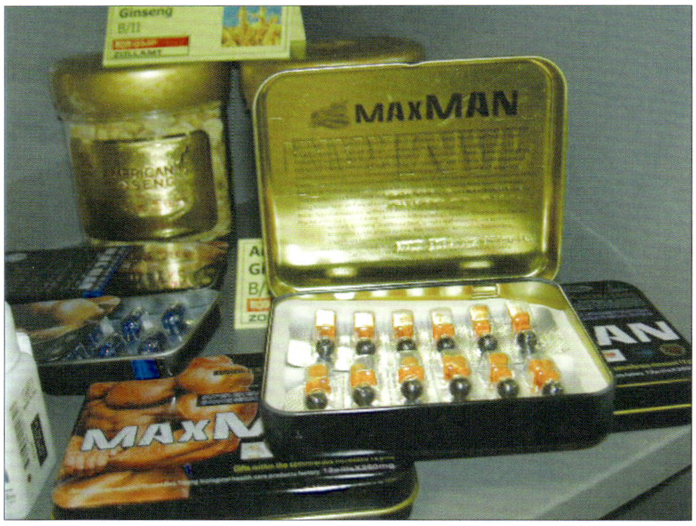

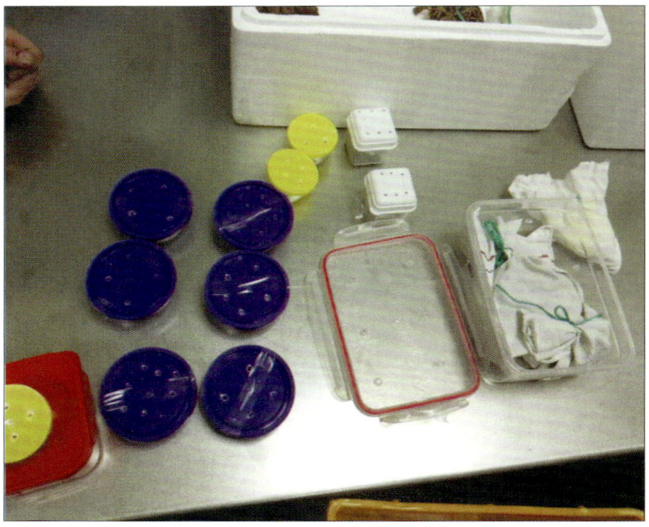

U.: Suchtgift für Lehrzwecke

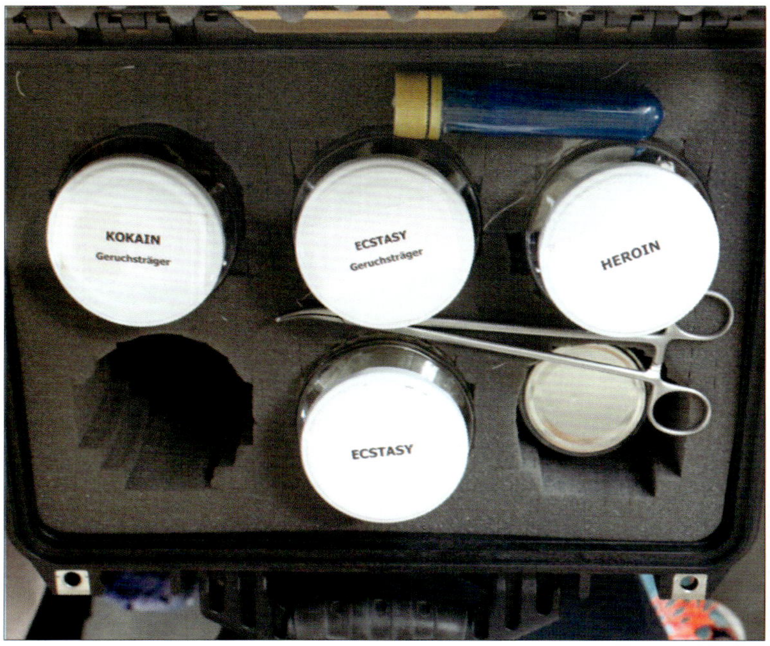

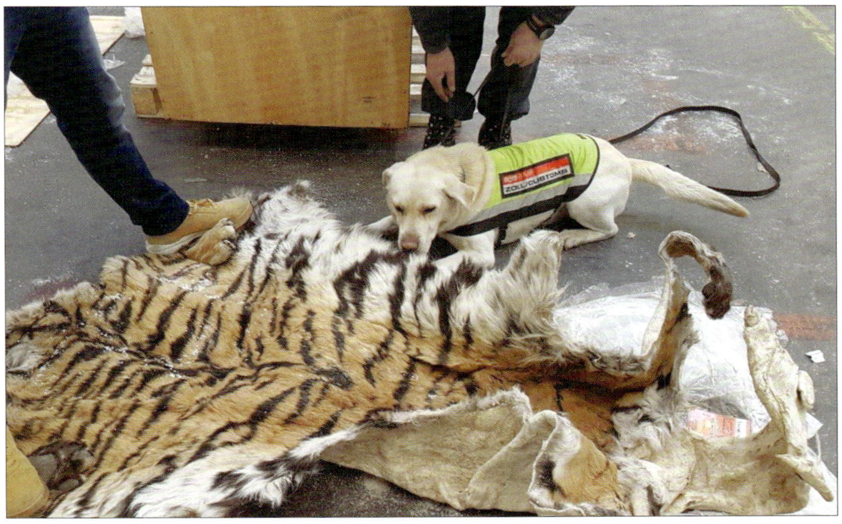

Angezeigt durch die Zollhunde, Beschlagnahmen nach dem Artenschutzgesetz: Bärenfell, Wolfsfell, Pantherfell, Tigerfell, lebende Schildkröten, lebende Molche

Fotos: Stefan Hütterer

Ein Tag mit der mobilen Zolleinsatzgruppe unter der Leitung von Bundesleiter für Diensthundewesen ADir. Reg. Rat Rudolf DRUML

Wir erwarten die Übungsgruppe am ASFINAG-Kontrollplatz, dann treffen sie mit dem Bundesausbildungsleiter ADir. Rudolf Druml und zwei VW-Bussen sowie einem modernen Hundetransporter ein. Dieser Transporter spielt alle Stücke, st mit einer Klimaanlage ausgestattet. Dann die nächste Überraschung, nur ein Malinois-Junghund des Bundesleiters ADir. Druml und vier graue Hunde, nach dem Aussehen wie Deutsche Schäferhunde, alles Rüden, aber irgendetwas störte mich dabei – es waren Züchtungen zwischen einer Deutschen Schäferhündin und e nem Belgischen Malinoisrüden.

Da beide Rassen allein schon sehr überzüchtet waren, hatte man diesen Versuch gemacht und der Erfolg: Diese Hunde zeigten die Vorzüge beider Rassen.

Reg. Rat Zoll-amtsdirektor Robert Geschina, Flughafen Schwechat

Auf der A2-Südautobahn heftet sich ein VW-Bus an einen vor ihm fahrenden Klein-LKW, überholt diesen, schaltet das Blaulicht ein und zeigt dem Fahrer an, ihm zu folgen, auf einen Kontrollplatz der ASFINAG. Dort wird der LKW schon von einem weiteren Team erwartet und in eine Halle gefahren. Der Lenker und dessen Papiere werden überprüft. Dann wird der Lenker aufgefordert, alle Sachen aus dem Führerhaus zu entfernen und auf eine Bank zu legen.

Nachdem ein Beamter das Fahrzeug genau inspiziert hat, kommen nun die Hunde zum Einsatz. Zuerst ein Hund mit noch nicht abgeschlossener Ausbildung. Dann überprüft ein Hundeführer mit einem fertigen Suchhund nochmals das Fahrzeug. Sowie die aus dem Fahrzeug entfernten Gegenstände. So laufen diese Einsätze meistens ab.

Aber nun wieder zurück zur Arbeit der Hunde. Die Teams, immer zwei Beamte mit zwei Hunden, holten noch und noch Fahrzeuge zur Kontrolle herein.

Bei der Durchsuchung einiger Kombis stapelten sich die ausgeräumten Gegenstände auf den Bänken. Die Hunde fieberten ihren Einsätzen entgegen, sprangen in das Führerhaus und die Ladefläche oder den Innenraum, sie suchten mit ihren Nasen in jeder Fuge und jedem Winkel. Um dann das Fahrzeug rundherum und darunter abzusuchen. Um den Fund anzuzeigen, gab es zwei Arten, die einen kratzten, während die fertig ausgebildeten Hunde durch Verharren den Fund anzeigten. Die Belohnung war: Sie erhielten ihr Spielzeug und der Führer spielte mit dem Hund. Die Freude und Begeisterung, mit der diese Hunde ihre Arbeit erledigten, waren sehenswert.

Am Parkplatz war ein sichergestelltes Fahrzeug abgestellt, in dem sich Zigaretten befanden. Nun ging jeder der Hundeführer mit seinem Hund an der Leine an dem Fahrzeug vorbei. Während die fertig ausgebildeten Hunde sofort zur hinteren Ladetür des Fahrzeuges gingen, verharrten die Junghunde, um dann aber auch die Rückseite des Transporters anzusteuern.

Zollbeamte im Einsatz an der Ostautobahn A2

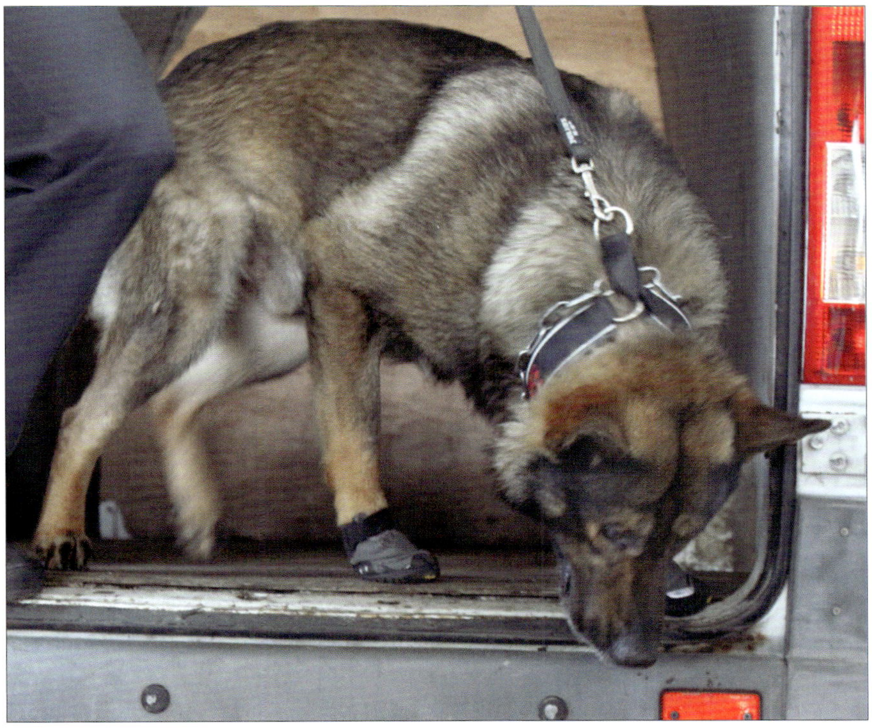

Alle: Einsatz mit Spürhunden an der A2

Zolldiensthunde-Einsätze am Flughafen Schwechat

Mit dem Bundesausbildungsleiter ADr. Druml fahren wir zum Flughafen Schwechat. Dort begeben wir uns zur Dienststelle – Zollamt Eisenstadt, Flughafen Wien, und treffen eine Mittelschulklasse aus Wien mit zwei Professorinnen, die eine Führung haben.

Reg. Rat ADir. Robert Geschina der Zolldienststelle ist gerade bei seinem Einleitungsvortrag, und wir schließen uns der Gruppe an. Er erklärt, dass für bestimmte Tiere, Pflanzen, Lebensmittel, Arzneimittel und Waffen gesonderte Verbote und Beschränkungen bestehen.

Im Raum befinden sich in den Vitrinen alle möglichen beschlagnahmten, bereits toten artgeschützten Tiere. Wertvolle Tierfelle, präparierte Tiere sowie Tierprodukte. Auch jede Menge Arzneimittel.

Dann geht es weiter zu den Diensthunden, auf deren Konto die vielen gezeigten Funde gehen.

In der Ankunftshalle bei den Transportbändern treffen wir dann drei Hunde, einen Labrador, einen Englischen Springer Spaniel und einen Flat Coated Retriever. Die Hunde sind abgerichtet, um Tabakwaren, Suchtgift, Banknoten und artgeschützte Tiere und Waren in allen möglichen Verpackungen anzuzeigen.

In der Halle warten viele Menschen bei den Transportbändern auf ihr Gepäck, andere eilen bereits zu den

O. li.: Einsatzübung – der Artensuchhund hat Witterung aufgenommen

U. li.: Das „Opfer" Prof. Dr. Heike Randl weiß nicht was sie im Koffer hat …

U. re.: … mit so einem „Fund" hat sie nicht gerechnet …

Ausgängen. Eine Dame mit einem Wagen, auf dem zwei Koffer liegen, hat plötzlich die Aufmerksamkeit eines Hundes, nachdem er bereits einige Schritte vorbeigegangen war, erregt. Sofort beschnupperte er den oberen Koffer und ließ sich davon nicht abbringen. Der Hundeführer begleitete die Dame zu einer Bank und forderte sie auf, den Koffer zu öffnen. Nachdem sie sich zuerst geweigert hatte, öffnete sie dann doch den Koffer. Im Koffer waren Wäsche und ein weißer Leinensack. Mit Unwillen holte sie den Sack heraus, griff aber nicht hinein. Auch auf wiederholte Aufforderung griff sie nicht in den Sack, worauf der Hundeführer mit Handschuhen hineingriff, und was kam heraus, wir konnten es kaum glauben, eine über einen Meter lange KÖNIGSPYTHON.

Der nächste Fall: Mehrere Mädchen standen zusammen, in ihrer Mitte ein Handkoffer, ein Hundeführer mit seinem Hund beschnüffelte die Koffer auf den Laufbändern. Als er zu den Mädchen lief, wollten diese ihn streicheln, aber er hatte nur Interesse an dem Koffer in ihrer Mitte, bei dem er sofort heftig zu kratzen anfing. Bei der Nachschau ergab sich, er hatte Suchtgift gefunden.

Dann ließ ein Hundeführer seinen Hund über die Koffer auf den Laufbändern laufen. Auf einem Koffer blieb er stehen und begann zu kratzen, Wieder ein Erfolg, im Koffer befanden sich jede Menge Zigaretten.

Alles war nur eine Übung, aber so sieht auch die Wirklichkeit aus, wie uns ADir. Geschina nachher erklärte. Das Suchtgift und die Zigaretten waren von Ausbildungsleiter ADir. Druml vorher in ausgesuchten Koffern versteckt worden, wovon auch die Hundeführer nichts wussten.

Die Königspython kam aus Schönbrunn und war von Dr. Harald Schwammer in dem Koffer versteckt worden. Mit dem Tiergarten Schönbrunn hat die Zollhundestaffel am Flughafen Schwechat ein sehr gutes Einvernehmen.

So stellt Dr. Harald Schwammer, der selbst zu Hause mit Gendarmerie-Diensthunden aufgewachsen war, immer wieder einige seiner Tiere zur Verfügung, damit die Hunde an echten Tieren üben können.

O. li.: Amtsdirektor Druml bei einem Vortrag – Schüler der AHS Rahlgasse

O. re.: Verschiedene beschlagnahmte Gegenstände

Li.: Der Suchtgiftsuchhund wittert etwas

Re.: Schülern der AHS Rahlgasse wurde ein Suchtgiftkoffer „untergeschmuggelt“

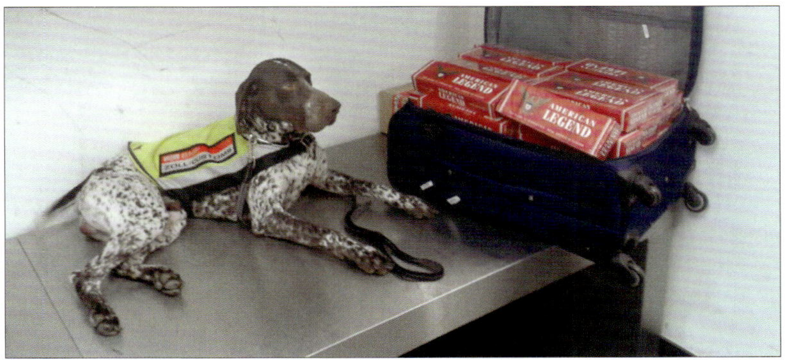

Li.: Das Gepäckband läuft

Re. o.: Der Hund ist aufgesprungen und zeigt einen Koffer an

Re. u.: Sein Erfolg ein Koffer voll Zigaretten

Zollhunde-Amtsdirektor Druml, Zoll Flughafen Amtsdirektor Geschina, Dr. Harald Schwammer vom Tiergarten Schönbrunn, der lebende Tiere zum Üben zur Verfügung stellte

Bilder S. 104–106: Prof. Heike Randl und Prof. Randl-Gadora

Diensthundeführerin Silvia Gärtner, am 26. 08. 1971 geboren, verheiratet, Mutter von zwei Kindern und zwei Enkelkindern. Beruflich bin ich beim österreichischen Zoll beschäftigt.

Nach 20-jähriger Tätigkeit in der Privatwirtschaft sehnte ich mich nach einer beruflichen Veränderung. Dies wurde durch die stetig steigende Selbstständigkeit meiner Kinder nur verstärkt und ermöglicht. Daher reagierte ich auf eine Stellenanzeige in der lokalen Zeitung. Nach dem vierstufigen Aufnahmeverfahren wurde es dann ernst. Ich startete mit 39 Jahren nochmals ganz von vorne und begann 2010 mit meiner Grundausbildung beim Zoll.

Meine Familie unterstützte mich sehr während der Ausbildungsphase. Nur der Wunsch nach einem gemeinsamen Haustier wurde immer unrealistischer. Denn ich vertrat immer den Standpunkt: „Ein Haustier macht nur Freude, wenn wir ihm genügend Zeit widmen können!" Ich aber war in dieser Zeit ständig in Wien, um Kurse zu besuchen, und dienstlich im Schicht- und Wechseldienst eingeteilt. Mein Mann kann sich aus gesundheitlichen Gründen nicht ständig um ein Haustier kümmern, da schien mir die Aussicht auf einen Hund unerfüllbar.

Im Frühjahr 2011, ich versah meinen Dienst bei der Zollstelle Pfunds, erzählte ein Kollege, dass beim ZA Innsbruck eine Stelle als Hundeführer/in ausgeschrieben wurde. Sogleich telefonierte ich mit meinem Teamleiter, dieser erklärte mir, dass sich grundsätzlich jeder bewerben könne, ich aber vorerst die Grundausbildung abschließen müsse.

Ich erzählte meiner Familie, dass es beim Zoll auch möglich sei, einen Diensthund zu führen. So diskutierten wir und erkundigten uns nach Ausbildungen, Rassen Haltung … nach „allem Möglichen!", denn in unserer Familie hatte noch niemand Erfahrung mit Hunden. Auf alle Fälle waren alle sofort Feuer und Flamme und ermutigten mich, mich als Hundeführerin zu bewerben. Gesagt – getan!!!

So wurden vier Kollegen und ich im März 2011 nach Nickelsdorf bestellt, um dort auf unsere „Hundeführertauglichkeit" geprüft zu werden. Dies war meine erste Zusammenkunft mit einer Gruppe Hundeführern, wobei mir bewusst wurde, dass dies eine komplette Männerdomäne ist. Anscheinend stimmten meine Voraussetzungen und Charaktereigenschaften mit den Anforderungen überein, denn am 22. 06. 2011 fuhren meine Tochter und ich nach Kärnten, um unser neues Familienmitglied „Sam" von unserem Bundesleiter, Herrn RR

ADr. Druml, abzuholen. „Sam“ ist ein Deutsch-Belgischer Schäferhund und war bei der Übergabe bereits ein Jahr alt.

Als wir in Tirol angekommen waren, wo wir von allen Familienmitgliedern schon sehnlichst erwartet wurden, startete die Eingewöhnungsphase. Wir mussten alle sehr viel lernen, aber der damalige Bereichsleiter sowie unser Bundesleiter hatten immer ein offenes Ohr und standen uns mit Rat zur Seite. Doch auch die Umsetzung will gelernt sein und daher startete bereits im September der erste Grundkurs in der Hundeausbildung. Dieser fand in Kärnten statt und dort zweifelte ich meinen Entschluss, Hundeführerin zu werden, erstmals an. Denn einerseits war es eine hohe körperliche Belastung, mir einen jungen Schäferhund unterzuordnen, und andererseits fiel es mir anfangs schwer, in dieser männerdominierten Gruppe Akzeptanz und Anerkennung für meine Leistungen als Frau zu finden. Aber je mehr Zeit ich mit den Hunden und den Hundeführern verbrachte, desto besser konnte ich mich in die Gruppe eingliedern und umso besser konnte ich die einzelnen Persönlichkeiten einschätzen bzw. abschätzen.

Mittlerweile kann ich mich als vollwertiges Mitglied unter den Diensthundeführern zählen und freue mich immer wieder auf ein gemeinsames Treffen bei unseren Weiterbildungs-veranstaltungen.

2012 und 2013 absolvierten wir die Spürhundelehrgänge im Burgenland. Mein Diensthund „Sam“ ist auf Suchtmittel und Bargeld konditioniert und ist auf ein passives Anzeigeverhalten ausgebildet. Auch präventiv ist mir „Sam“ eine große Stütze, denn allein seine Anwesenheit bietet Schutz und gibt mir ein sicheres Gefühl. Anerkennung für besondere Leistungen erhielt mein Diensthund „Sam“ im August 2015 mit der Verleihung der Rochusmedaille.

Einen Diensthund zu führen erfordert einen hohen Zeitaufwand, konsequentes Handeln und einen starken Willen, und dies mit den alltäglichen Aufgaben einer Mutter, Großmutter und Hausfrau zu vereinbaren war nicht immer einfach. Entschädigung für die stressreiche Zeit waren einerseits die Aufgriffe mit meinem Diensthund „Sam“ und andererseits die wachsende Beziehung zwischen Hund und Mensch. Diese beiden Faktoren ließen mich immer ehrgeiziger werden, bis ich kürzlich den Entschluss gefasst habe, auch in der Diensthundeausbildung tätig zu sein. Somit kann ich meine bisherigen Erfahrungen und Kenntnisse an andere Hundeführer weitergeben. Durch die individuelle Ausbildung für jeden Hundeführer und Diensthund wird wiederum mein Wissenspool zu diesem Gebiet vergrößert und meine Kompetenz erweitert. Die Verbesserung der eigenen Fähigkeiten, welche einen meiner Grundsätze darstellt, bildet meines Erachtens eine solide Basis für die Ausübung der Zusatzfunktion einer Bereichsleiterin.

IX. Die Österreichische Rettungshundebrigade

ÖRHB-Präsident Helmuth Gruber: „Am 12. Februar 1966 wurde die Österreichische Rettungshundebrigade von den Herren Ing. Radakovic, Matecha, Böhm, Stift und Joksch gegründet. Der organisatorische Aufbau war schwierig, da man auf Spenden und Eigenmittel der einzelnen Mitglieder angewiesen war. Besonders erwähnen möchte ich an dieser Stelle einen Mann der ersten Stunde: Anton Gabmayer von der Landesgruppe Niederösterreich war von Anfang an bis zum heutigen Tag ein unverzichtbarer Bestandteil der Österreichischen Rettungshundebrigade und steht uns trotz seines hohen Alters von 92 Jahren noch immer zur Verfügung, wenn seine Hilfe oder sein Rat gebraucht werden – danke, Toni!

Kurz nach der Gründung der Österreichischen Rettungshundebrigade erfolgte die Eingliederung in den Zivilschutzverband, was zur Folge hatte, dass eigene Landesgruppen gegründet wurden. Das Bestreben, als eigene Verbandskörperschaft dem ÖKV (FCI) anzugehören, wurde im Jahr 1989 erreicht, auf ein Jahr bedingt und am 16. 10. 1990 endgültig besiegelt. Somit war ein sehr hohes und schönes Ziel erreicht.

Unsere Rettungshunde werden nach internationaler oder nationaler Prüfungsordnung von geprüften Rettungshunderichtern jährlich geprüft. Eine Ausbildung zu einem einsatzfähigen Rettungsteam ist zwar kostenlos, erfordert dennoch großes Durchhaltevermögen sowie zahlreiche Ausbildungsstufen für Helfer, Hundeführer/innen und deren Vierbeiner. Ist dieses sehr schöne und hohe Ziel erreicht, werden unsere Rettungsteams für Menschen im In- und Ausland, die durch Lawinenabgänge, durch Hauseinsturz, durch Abgängigkeit oder durch suizidgefährdetes Verhalten sowie durch Katastrophen wie Erdbeben und dergleichen in Not geraten sind, eingesetzt.

Präsident Helmuth Gruber

Die Österreichische Rettungshundebrigade verbindet seit nunmehr 50 Jahren auf besonders eindrucksvolle Weise die Nächstenliebe mit der Tierliebe – Mensch und Hund helfen partnerschaftlich, um bedrohtes Leben zu retten. Was einst mit einigen wenigen Idealisten begann, ist heute eine über ganz Österreich verbreitete Hilfsorganisation, die inzwischen auch für Soforteinsätze bei internationalen Katastrophen gerüstet ist. Hinter diesem segensreichen Wirken steht nicht nur die beispielhafte Einsatzbereitschaft von 399 Hundeteams, sondern auch die Solidarität vieler Gönner, Spender und Fördermitglieder.

In stillen, pflichtbewussten Einsätzen haben unsere Hundeteams vermisste und verletzte Personen gerettet und sind in vielen anderen Fällen tätig gewesen, die nur durch das Zusammenspiel von Mensch und Tier zu lösen waren. Wenn wir die Beschäftigung mit dem Hund nicht Selbstzweck sein lassen, sondern diesen in den Dienst aller Menschen stellen, dann leisten wir über den eigentlichen Zweck hinaus einen wertvollen Beitrag zur Festigung der Stellung des Hundes in der Gesellschaft.

In unserer schnelllebigen Zeit, wo Technik und Erfindungen einander beinahe gegenseitig überholen, sind trotz allem unsere vierbeinigen Kameraden mit ihren Spürnasen durch nichts zu ersetzen.

Wo moderne Technik versagt oder aufgeben muss, wird unser treuer Kamerad mit seinen 220 Millionen Riechzellen (gegenüber dem Menschen mit sieben Millionen) unverzichtbar."

ÖRHB Steiermark, 12 Staffeln – Ennstal, Feldbach, Hartberg Fürstenfeld, Graz, Staffel Judenburg, Knittelfeld, Leibnitz, Leoben / Bruck – Mürzzuschlag, Liesingtal, Murau, Voitsberg, Weiz

ÖRHB Kärnten, 6 Staffeln – Drautal, Glantal, Villach, Wörthersee, Finkenstein – Faaker See, Feldkirchen

ÖRHB Oberösterreich, 10 Staffeln – Braunau, Gmunden, Kirchdorf, Linz, Perg, Rohrbach-Urfahr, Schärding, Steyr, Vöcklabruck, Wels

Bundesleitung der ÖDHB

ÖRHB Niederösterreich, 13 Staffeln – Wienerwald, Eggenburg, Heidenreichstein, Hofstetten – Grünau, Hollabrunn, Klosterneuburg, Korneuburg, Tullnerfeld, Melk, St. Pölten, Helenental, Brunn am Gebirge

ÖRHB Burgenland, 4 Staffeln – Güssing, Oberpullendorf, Riedlingsdorf, Rohrbach

ÖRHB Salzburg, ÖRHB Vorarlberg

ÖRHB Tirol, 2 Staffeln – Innsbruck, Schwaz

ÖRHB Wien Staffel – Wien/Nord

ÖDHB Steiermark

ÖDHB Kärnten

ÖDHB Ober-österreich

ÖDHB Nieder-österreich

ÖDHB Burgen-land

ÖDHB Tirol

ÖDHB Vorarlberg

Die Österreichische Rettungshundebrigade (ÖRHB) ist eine private Einsatzorganisation, die es sich zur Aufgabe gemacht hat, unentgeltlich und unverzüglich vermisste Personen mit ihren Rettungshunden zu suchen.

Über unsere Notrufnummer für ganz Österreich sind wir rund um die Uhr, mit unseren Suchhunden, für Sie erreichbar. **Notrufnummer 012 8898**

Informationen zur Ausbildung

Die Rettungshundebrigade teilt sich in der Ausbildung und im Einsatz in Hundeführer/innen und Helfer. Um Mitglied in der Österreichischen Rettungshundebrigade zu werden, sollte man neben Freude an der Arbeit mit Hunden noch einige Grundvoraussetzungen mitbringen: viel Freizeit, einen guten Kameradschaftsgeist, den Willen zu helfen sowie eine gewisse körperliche Eignung.

Die Ausbildung zum Rettungshund

Die Eignung

Grundsätzlich ist jeder Hund geeignet, egal ob Mischling oder Rasse. Er sollte über gute Charaktereigenschaften verfügen, verträglich, gehorsam und nicht schreckhaft sein. Auch muss er einen ausgezeichneten Geruchssinn haben.

Ein verträglicher Charakter ist wichtig, da er mit anderen Hunden gemeinsam im Einsatz ist. Er muss seine Arbeit tun und darf nicht zu raufen beginnen. Auch Menschen gegenüber muss der Hund entsprechend sozialisiert sein. Wenn er die vermisste – eventuell auch verletzte – Person findet, darf er nicht aufdringlich werden. Ebenso leisten wir Öffentlichkeitsarbeit und werden immer wieder zu Vorführungen gebeten – hier sollte eine perfekte Unterordnung gezeigt werden.

Dass ein Hund bei der ÖRHB nicht schreckhaft sein darf, versteht sich von selbst. Wenn wir bei einer Trümmersuche neben dem suchenden Hund mit schwerem Gerät arbeiten müssen (z. B. Presslufthammer), darf sich der Hund von seiner Tätigkeit nicht ablenken lassen. Dornen, dichtes Gestrüpp, Felsen oder Ähnliches darf der Hund ebenso nicht scheuen wie Leitern, auf denen er mitunter Hindernisse überwinden muss, um zu seinem Suchgebiet zu kommen.

Je besser der Hund sich von seinem Wesen her eignet, desto einfacher wird die Ausbildung. Natürlich ist es auch möglich, einen Hund auszubilden, der nicht alle Anforderungen erfüllt, es erfordert jedoch mehr Geduld und Aufwand.

Die Ausbildung eines Rettungshundes dauert etwa zwei Jahre.

Die Ausbildung zum Rettungshundeführer

Jene Zweibeiner, die sich in der ÖRHB engagieren, teilen sich in zwei Gruppen: Hundeführer/innen und Helfer/innen. Die Hundeführer/innen und ihre Vierbeiner müssen gut harmonisieren. Der/die Hundeführer/in muss lernen, seinem/ihrem Hund zu vertrauen und sich auf dessen Fähigkeiten und Arbeitswillen zu verlassen. Denn im Einsatz sind die Hunde auf sich allein gestellt, sind häufig außer Sichtweite, da müssen sich Hundeführer/innen auf ihren Hund verlassen können. Um diese Aufgaben bewältigen zu können, sind sie zu regelmäßigem Training sowie Schulungen verpflichtet (siehe Ausbildung und Grundkenntnisse). Außerdem müssen Hundeführer/innen natürlich in Erster Hilfe ausgebildet sein, um die gefundene Person vor Ort versorgen zu können. Auch den Umgang mit dem Funkgerät sowie das Kartenlesen und die Orientierung mithilfe des Kompasses müssen Hundeführer/innen beherrschen.

Aus dem Tagebuch eines Auslandseinsatzes

Sucheinsätze sind jedes Mal aufs Neue eine Herausforderung für jeden Einzelnen, der daran teilnimmt. Besonders Katastropheneinsätze fordern den Rettern das Letzte ab – körperlich und seelisch. Seit dem Bestehen der ÖRHB-Landesgruppe Steiermark wurden wir immer wieder zu großen Katastrophen gerufen, wie z. B. 1988 Armenien, 1999 Galtür, 1999 Türkei, 2003 Algerien, 2003 Iran – jedes Mal ist der Ablauf irgendwie ähnlich, aber niemals Routine. Aus dem Tagebuch eines Ausland-Einsatzes von ÖRHB-Präsident und Landesleiter Helmuth Gruber.

Freitag, 12. 11. 1999: Der Bundestag der ÖRHB wird abgehalten, als plötzlich das Telefon des Bundeseinsatzleiters ertönt. Er steht auf und verlässt telefonierend den Raum. Nach einigen Minuten kehrt er wieder zurück, an seinem Gesichtsausdruck kann einiges abgelesen werden: schweres Erdbeben in Düsze in der Türkei. Hundeführer werden alarmiert, Vorbereitungen getroffen, die erste Truppe wird zusammengestellt und zum Abflug fertig gemacht.

Samstag, 13. 11. 1999, 04.30 Uhr: Weitere Hundeführer werden benötigt. Auch der Langhaarschäferrüde Kim von der Schenkenau muss aus den Federn. Da sein Herrl an diesem Wochenende Dienst zu versehen hat, muss eiligst eine Vertretung gesucht werden. Vorbereitungen werden getroffen, der Rucksack gepackt, vor allem Hundefutter für Kim, und ab geht es nach Wien zum Flughafen.

Mit dem Transportflugzeug der AFDRU geht es nach Istanbul, anschließend in einer Drei-Stunden-Fahrt mit dem Autobus ins Katastrophengebiet.

Die Rettungshundebrigade war mit insgesamt zehn Teams aus den Bundesländern Steiermark, Ober- und Niederösterreich im Einsatz. Kaum angekommen, ist Kim schon eingeteilt, Nachtwache zu versehen. Als ausgebildeter Katastrophenschutzhund ist es für den 7-jährigen Langhaarschäfer keine große Mühe, das aufgestellte Zeltlager samt dem Zubehör gründlich zu bewachen. Sein guter Bewachungssinn lässt den Langfingern keine Chance.

Nach einiger Zeit Ruhepause geht es ab zur ersten Schadenstelle. Große Bagger und Bergegeräte stehen bereit. Als die Hunde eintreffen, werden alle Geräte abgestellt.

Verzweifelte Menschen strömen hinter den Bergegeräten hervor, flehen uns an, ihre Lieben in den zum Teil völlig zusammengestürzten Häusern zu suchen, eine Mutter reißt mich am Arm und zeigt, wo ihre beiden Kinder verschüttet sind. Weinende Kinder an der Hand ihrer Großeltern schauen uns hilfesuchend an und fragen, wann einer unserer vierbeinigen Kameraden ihre Eltern aufspüren wird.

Doch leider – unsere Spürnasen kommen immer nur zu toten Menschen. Völlig geschafft, verstaubt und mit fast glühender Nase kehren wir wieder ins Lager zurück.

Ein anderes Team sucht in JALOWA die ganze Nacht, an Schlaf ist nicht zu denken. In den Ruinen herrscht größte Explosionsgefahr, da es überall lecke Gasleitungen gibt. Auch zu wenig Bagger sind vorhanden, sodass wir nur die Stellen anzeigen, wo die Hunde lebende Menschen angezeigt haben.

Nächste Einsätze: Ein Loch wird in einen Keller, auf dem sich ein völlig zusammengestürztes Haus befindet, mit einem Presslufthammer ausgebrochen. Kim muss durch dieses Loch in den finsteren Keller, um nach eventuellen Personen zu suchen. Angespannte Ruhe herrscht im Freien und dann taucht Kim wieder auf – im Keller befinden sich keine Menschen.

Suche nach einem vierjährigen Kleinkind: Leider konnte auch dieses nur tot geborgen werden. Niedergeschlagen und total verschmiert kehren wir Tag für Tag ins Lager zurück. Die Stunden in den Ruhepausen liegen Hund und Herr wie tot in ihren Feldbetten und Zelten.

Nach zehn Tagen gibt es so gut wie keine Chance, Überlebende zu bergen, und somit wird das Lager abgebrochen und der Heimflug vorbereitet.

Der kräftig gebaute Langhaarschäferrüde Kim von der Schenkenau wurde von vielen bewundert, vor allem wegen seiner Geschicklichkeit, wie er sich auf den Trümmerfeldern und in den noch vorhandenen Gängen der zusammengestürzten Häuser bewegte. Abgekämpft und sichtlich gezeichnet, aber doch mit dem guten Gefühl, alles unternommen zu haben, um diesen Menschen in ihrer schweren Zeit beigestanden zu sein bzw. geholfen zu haben, kehren wir wohlbehalten am 11. Tag wieder nach Hause zurück.

Bundespressereferent Josef Khälß mit Hubschrauberbesatzung

O. li.: Bundespressereferent Josef Khälß

O. re.: Einsatzbesprechung

Li.: Landesleiter Burgenland Hans Moser

Re.: Landesleiter Steiermark Fritz Gruber

Li.: HF Kärnten

Re.: HF Tirol

Li., Mi.: Aus der „Frühzeit" der Rettungshunde-brigade

Jubiläum 50 Jahre-Fest

O., re.: Jubiläum 50 Jahre-Fest

U.: Winterübung

O., Mi.: Winter-
übung

Sommerübung
Gröbig 2017

Diese und nächste Seite: Sommerübung Gröbig 2017

Alle: Erdbebeneinsatz 1999 in der Türkei

X. Diensthunde des Österreichischen Bundesheeres*

Gründung der Militärhundestaffel 1964. Die Militär-Hundestaffel Kaisersteinbruch ist das Zucht- und Ausbildungszentrum für Diensthunde des Österreichischen Bundesheeres.

Kommandiert wird diese Schule von Major Klaus Lacchini, der vom Abrichteleiter Johann Breuer und seinen sieben Abrichtern tatkräftig unterstützt wird.

Kommandant (von 1984–2004) Major Lacchini

Ihm unterstehen in ganz Österreich zirka 300 Hunde sowie die im Rahmen der UNO an der Waffenstillstandslinie zwischen Israel und Syrien eingesetzten Suchtgift- und Sprengstoffhunde. Die Diensthunde des Österreichischen Bundesheeres bestehen zu 90 % aus bulligen Rottweilern aus eigener Zucht und zu 10 % aus Deutschen Schäferhunden. Erstmalig setzte man jetzt auch den Belgischen Schäferhund Malinois als Suchtgift- und Sprengstoffhund ein. Gezüchtet werden derzeit nur Rottweiler, die den Zuchtnamen von Kaisersteinbruch führen. Der Rottweiler deshalb, weil er sowohl die dienstlichen Anforderungen erfüllt als auch ideal innerhalb der Familie gehalten werden kann.

Als Militärhundeführer kommen nur charakterlich und körperlich dafür geeignete Angehörige der Heeresverwaltung in Betracht, die sich freiwillig dazu melden. Die Ausbildung erfolgt für Führer und Hund in einem Kurs von drei Monaten. Den Abschluss bildet eine kommissionelle Prüfung, bestehend aus einem theoretischen und praktischen Teil. Die Hunde sind ausgebildet zum Auffinden von versteckten Personen und zur Abwehr von Angriffen von versteckten Personen auf den Hundeführer selbstständig und auf Kommando.

Die Hunde werden nur in der höchsten militärischen Sicherheitsstufe zur Sicherung von Gebäuden und Anlagen, wie Munition und Radarstationen, eingesetzt, die sie im Schichtdienst zu bewachen haben. Der Hund muss nun im Wohnverband seines Hundeführers gehalten werden und ist somit in der Familie voll integriert. So soll er am Tag am Familienleben teilhaben können und alle Vorgänge im Haus miterleben. Bei Erkrankung des Hundeführers muss die Familie in der Lage sein, alle notwendigen Tätigkeiten mit dem Hund durchzuführen. Bei Besuch fremder Personen ist der Hund aber im Zwinger unterzubringen, damit seine dienstlichen Leistungen nicht darunter leiden. Er bekommt jeden Tag eine Hauptmahlzeit, 1,5 kg Futter, ein Teil Fleisch, roh oder gekocht, und zwei Teile Beifutter, etwas Gemüse und Flocken.

Zweimal im Jahr wird der Hund auf seiner Dienststelle von einem Angehörigen der Hundestaffel Kaisersteinbruch durch einen Veterinär überprüft. Entspricht der Hund nicht mehr den dienstlichen Anforderungen beziehungsweise am Ende seiner Dienstzeit, die je nach Beanspruchung bei zirka 8–9 Lebensjahren liegt, geht der Hund ins Privateigentum des Hundeführers über, wo er sein Gnadenbrot bekommt. Er wird nicht eingeschläfert oder abgegeben. Der Hundeführer kommt dann wieder in die Hundestaffel und bekommt einen neuen Hund zugewiesen, absolviert den nächsten Kurs und geht wieder auf seine Dienststelle zurück. Hundeführer und Hund versehen immer zusammen ihren Dienst und bilden eine Einheit.

Kommandant Oberst Otto Koppitsch

Österreichisches Bundesheer – MILITÄRHUNDEZENTRUM KAISERSTEINBRUCH

Kommandant **Oberst Otto Koppitsch MSD**: „Seit der Domestizierung vor mindestens 20.000 Jahren hat der Hund dem Menschen bedingungslos treu gedient und wird dies auch in Zukunft tun.

Auch in „grauer Vorzeit" waren Hunde als soziale Wesen sowohl Haus- als auch Arbeitstiere.

Lange auch im Krieg als Waffe eingesetzt, entwickelten sich Diensthunde als Folge der

* *Texte und Bilder in diesem Kapitel wurden mit Genehmigung von Autor Oberst Otto Koppitsch seinem Buch „Militärhunde von Kaisersteinbruch 1964–2014" entnommen. Außerdem hat Oberst Otto Koppitsch weitere Bilder aus seinem Archiv zur Verfügung gestellt.*

modernen Rassehundezucht immer mehr zum Helfer staatlicher Organe wie Polizei, Zollwache und Militär.

Bedenkt man, dass die k. k. Armee des alten Österreich zwischen 1914 und 1918 über circa 8.000 Hunde verfügte, lässt sich der Wert dieser vierbeinigen Helfer leicht erkennen.

Ebenso spricht die Anzahl der aktuell im Mittleren Osten eingesetzten Hunde zur Sprengstoffabwehr, deren Zahl in die tausende geht, eine klare Sprache. Tendenz steigend.

Das vorliegende Werk von Prof. Brettner würdigt in wunderbarer Art die Leistungen österreichischer Diensthunde und spannt dabei einen weiten Bogen.

Es ist das aktuellste Werk seiner Art und muss jedem Kynologen wie auch dem am Diensthund interessierten Hundefreund Pflichtlektüre sein.

Ich danke dem Autor, auch im Namen der vielen unbekannten Diensthunde, für die liebevolle Aufarbeitung ihrer österreichischen Geschichte."

Die ersten Hunde 1964 von der Zollwache übernommen

U. li.: Rechts Vizeleutnant Adolf Ringer leitete die Rottweilerzucht

U. re.: Übernahme des Lager II für Hundeausbildung

Die Gebäude waren in keinem guten Zustand

O., M. li.: Die ehemaligen Militär-Mannschaftsbaracken waren in einem schlechten Zustand

M. re.: Zwingeranlage

U. li.: Der Beginn mit den Rottweiler-Hunden

U. re.: Die ersten Hundeführer 1970

Der Rottweiler, auch ein Familienhund

**Obst Otto Koppitsch MSD, Kommandant des Militärhundezentrums
Präsident des Österr. Vereins d. Diensthundeführer**

Das Jahr 2007 war für das österreichische Militärhundewesen richtungsweisend. Nachdem man erkannt hatte, dass in einer modernen Armee auf das Einsatzmittel Hund in den verschiedensten Fällen im In- und Ausland nicht verzichtet werden kann.

Waren die Militärhunde bisher vor allem im Bereich des Wach- und Sicherheitsdienstes im Inland eingesetzt, so wurde festgestellt, dass in einer modernen Armee auf das Einsatzmittel Hund bei den verschiedenen Einheiten wie Jagdkommando, Pionier- und Jägertruppe sowie Militärpolizei sowohl in der Heimat als auch bei den Auslandseinsätzen nicht verzichtet werden kann.

Im Gründungsjahr umfasste die Hundestaffel Kaisersteinbruch 1964 einen Offizier und einen Vizeleutnant, sieben Ausbildner und zivilbedienstete Hundeführer als Bewachungspersonal sowie geschenkte erste sechs Schäferhunde von der Zollwache. Ein Jahr darauf kamen als Geschenk der Wiener Polizei zwei Rottweiler-Hunde hinzu, das war der Beginn.

Die Barackenunterkünfte mussten erst ausgeräumt und instandgesetzt werden.

Jetzt gibt es in Kaisersteinbruch ein modernes Militärhundezentrum, das auch international mit seiner Rottweiler-Zucht und seinem Schulungszentrum keinen Vergleich zu scheuen braucht.

Der Kommandant des Militärhundezentrums Oberst Otto Koppitsch hat 40 Mitarbeiter und Mitarbeiterinnen zur Bewältigung seiner umfangreichen Aufgaben – komplettes Ausbildungswesen für Mensch und Tier. Unterbringung und Beschaffung der Ausrüstung für 60 Hunde.

Das Gelände hat eine Fläche von 8 Hektar. In den modernen Zwingeranlagen können gleichzeitig bis zu 100 Hunde gehalten werden. Ständig befinden sich hier 60 Hunde, davon Welpen (0-6 Monate), Junghunde (ab 6 Monate), Zuchthunde (auch Senioren außer Dienst) und die Einsatzhunde des Ausbildungspersonals.

Für die Ausbildung stehen vier große Abrichtwiesen zur Verfügung. Für die Erhaltung und Pflege dieser Anlagen ist die Zwingerdienstgruppe mit dem Zwingermeister verantwortlich.

Der Großteil des Personals wird als Ausbildner und Militärhundeführer im Bereich Einsatz- und Lehrgruppen eingesetzt.

Im Militärhundezentrum werden folgende Lehrgänge durchgeführt:
- Auswahlverfahren für den Militärhundeführerkurs – 2 Wochen
- Militärhundeführerkurs Schutz- und Wachhund – 13 Wochen
- Militärhundeführerkurs Spürhund (Sprengstoff und Suchtgift) – 13 Wochen
- Fährtenhundeführerausbildung Jagdkommando – 5 Wochen
- Militärhundeführerkurs Schutzhunde mit erweiterter Ausbildung – 4 Wochen

Fortbildung für Aufsichtshabende, Militärhundeführer und Scheintäter, Spürhunde, Schutzhunde mit erweiterter Ausbildung, Fährtenhunde, Rettungshunde – jeweils 1 Woche.
Die Durchführung dieser Aufgaben obliegt den Lehrgruppen Wach- und Schutzausbildung, Dualausbildung, Sonderausbildung.

Für internationale Einsätze ist eine eigene Militärhundegruppe bereit. Das sind hoch qualifizierte Militärhundeteams für Wach- und Sicherheitsdienst sowie im Rahmen der Sprengstoffabwehr. Diese Militärhundeführer versehen ihren Dienst als Ausbildner bei Kursen im Militärhundezentrum, wenn sie nicht im Auslandseinsatz sind.

Als Diensthunde werden beim Bundesheer vor allem Rottweiler aus der eigenen Zucht sowie Deutsche, Belgische und Holländische Schäferhunde eingesetzt.

Im Jahr 1964 wurden im österreichischen Bundesheer Militärhunde im Wach- und Sicherheitsdienst eingesetzt. Vor allem zur Bewachung von Munitionslagern, sicherheitssensiblen Anlagen, Militärflughäfen und Sperrgebieten.

Jetzt aber auch zum Schutz von Camps bei Rettungseinsätzen, und da diese Hunde auch eine Ausbildung zum Aufspüren von Verschütteten haben, werden sie auch dafür eingesetzt.

Der erste Einsatz von Militärhunden bei der Militärstreife war in Österreich 1995, der erste Einsatz eines Suchtgiftsuchhundes in Graz. Heute ist der Hund bei Militärstreife oder Militärpolizei nicht mehr wegzudenken.

So seit 1987 in Auslandseinsätzen, wo österreichische Militärhundeteams (Suchtgift und Sprengstoff) im Rahmen der UNDOF am Golan ihren Dienst versehen.

Alle jetzt im Rahmen der UNO im Einsatz befindlichen Militärhunde sind als Dualhunde wie Schutz- und Spürhunde (Sprengstoff und Suchtgift) ausgebildet.

Seit 2013 werden alle Militärhundetrupps der Militärstreife und Militärpolizei auch im erweiterten Schutzdienst ausgebildet.

Die bisherigen Einsätze der Militärhundetrupps

- Suchtmittelprävention bei den Präsenz- und Kaderangehörigen im Inland.
- Suchtmittelprävention bei Auslandskontingenten des Bundesheeres bei KFOR in Kosovo und EUFOR in Bosnien-Herzegowina.

Kdt. Oberst Otto Koppitsch mit Rottweiler-Junghund

Die Gebäude und Zwingeranlagen heute

- Sucht- und Sprengstoffkontrollen im Rahmen von Checkpoints bei KFOR in Kosovo und auf den Golanhöhen bei UNDOF.
- Schutz- und Wachaufgaben während der Fußball-EM 2005.
- Hausdurchsuchungen, Personensuche sowie Suche nach Waffen und Munition im Kosovo.
- Camp Security bei EUFOR im Tschad zum Schutz der dort eingesetzten Truppe.
- CRC im Rahmen von Auslandseinsätzen, wie beispielweise bei Unruhen im Kosovo.

Militärhundetrupps der Kaderpräsenzeinheiten befinden sich ständig in Bereitschaft für Auslandseinsätze.

Der Spezialhund beim Jagdkommando

Diese Spezialhunde haben ein besonders ausgeprägtes Wahrnehmungsvermögen. Bei Spezialaufklärung und Kommandounternehmen sowie unkonventioneller Kampfführung kann Unterstützung durch Militärhunde helfen. Diese Hunde beherrschen das Stöbern auf Distanz, Finden und Anzeigen von Personen, Fährtenarbeit nach versteckten und verfolgten Personen, Sicherung sowie das Aufspüren von Sprengstoffen, Waffen und Munition.

Durch seine überlegene Sinnesleistung ist der Militärhund in der Lage, bei Tag und Nacht seinem Team Gefahren frühzeitig anzuzeigen.

In allen Klimazonen werden die Militärhunde bei den Jagdkommandokräften mit Fahrzeugen, im Lufttransport, im Fallschirmabsprung oder Abseilverfahren, aber auch amphibisch eingesetzt.

Der Auslandseinsatz österreichischer Militärhunde

Am 15. Juni 1987 erfolgte der erste Auslandseinsatz, als Militärhundeführer Blaukovits mit seinem Militärhund KERRI Österreich in Richtung Damaskus verließ. KERRI vom Sekuller Hof, ein Deutscher Schäferrüde, war als erster Militärhund für einen Einsatz im Rahmen des österreichischen Golan-Kontingentes bei UNDOF vorgesehen. Gemeinsam sollte Militärhundeführer StWm Paal ebenfalls mit HORUS, einem Deutschen-Schäfer-Rüden, bis 16. 09. 1988 ihren Einsatz absolvieren.

Beide Hundeteams versahen über ein Jahr ihren Dienst am damaligen MP-Stützpunkt 28, gelegen in der Truppentrennzone (Syrien/Israel) zwischen A und B Gate.

Am 28. Juni 2013 sind die letzten Militärhundeführer Bleich mit seinem Belgischen Schäferhund DANJU und OStWm Lechner mit seinem Malinois KIMBERLY vom Einsatz am Golan nach 26 Jahren eingerückt.

Alle Militäreinsätze bei UNDOF waren Spüreinsätze nach Suchtgift und Sprengstoff.

Seit dem Jahr 2000 wird die Ausbildung zum Spürhund (Gift und Sprengstoff) in Kaisersteinbruch aufgeteilt, auf jeweils drei Monate.

Zur Fort- und Weiterbildung der Militärhundeführer und Hunde findet jedes Jahr ein Seminar für Militärhunde statt, wo gleichzeitig die Jahresüberprüfung zur Feststellung der Einsatzbereitschaft zu absolvieren ist.

Seit 1987 wurden am Militärhundezentrum 42 Spürhundekurse abgehalten. Das Bundesheer hat derzeit 32 Sprengstoff- und 20 Suchtmittelteams zur Verfügung.

Auch die Fährtenausbildung des Jagdkommandos Hunde sowie die Rettungshunde-ausbildung (AFDRU) werden durchgeführt.

Die ABC-Abwehrschule des österreichischen Bundesheeres führt jährlich eine zweitätige Überprüfung der Rettungs- und Trümmerhunde durch. Die militärischen Trümmersuchhunde

stehen beim Militärhundezentrum für den Katastropheneinsatz bereit und können nach Erdbeben bereits wenige Stunden nach dem Unglück mit einem Vorauskommando entsandt werden und gleich mit der Suche beginnen, da die Zeit eine entscheidende Rolle spielt.

Eine Besonderheit im Militärhundezentrum ist der Erfahrungsgewinn bei Hundeeinsätzen im Rahmen des C-IED (Counter-Improvised Explosive Devices). Gegenmaßnahmen bei Bedrohung durch Selbstlaborate, Spreng- und Brandvorrichtungen.

Der im Rahmen von C-IED eingesetzte Hund muss das Führen auf Distanz sowie das selbstständige Absuchen von besonders anschlagsgefährdeten Punkten beherrschen.

Am Militärhundezentrum steht bereits ein Grundstock für die koordinierte Ausbildung einiger vorausgebildeten Hunde bereit, um einen möglichen Hundeeinsatz im Rahmen von C-IED in Zukunft sicherzustellen.

Aus den Erfahrungen von Hundeführern bei internationalen Auslandseinsätzen und Erfahrungsaustausch zwischen den Diensthundeführern konnten viele Verbesserungen der Ausbildung erfolgen.

So die Einsätze bei KFOR ab 2005, wo viele Staaten neben Österreich, Deutschland, USA, Schweden, Finnland und Frankreich Diensthunde eingesetzt hatten.

Der Einsatz bei KFOR war neben dem Wach- und Sicherungsdienst, dem Einsatz bei Kontrollpunkten und Checkpoints bei Hausdurchsuchungen nach Waffen, Munition und Kampfmitteln und im Ordnungsdienst für die Militärhunde erfolgreich.

Einsätze

Im Camp eines Auslandskontingentes wurden wiederholt Diebstähle gemeldet. Worauf ein Militärhundeteam mit Schutzhunden zur Unterstützung angefordert wurde.

Mithilfe der Hunde konnte die Spur der Täter verfolgt und ein Depot mit Diebsgut gefunden werden. In einem unübersichtlichen Waldstück stöberten die Militärhunde dann die Diebe, welche auch festgenommen werden konnten.

An einem Kontrollpunkt zeigte ein Sprengstoffspürhund am Handschuhfach eines Fahrzeuges an. Die Suche nach Waffen und Munition im KFZ blieb erfolglos. Bei einer daraufhin durchgeführten Hausdurchsuchung beim Verdächtigen zeigte der Hund erneut positiv an, wobei man hinter einem Holzverschlag fündig wurde.

Nachträglich wurde bekannt, dass im Handschuhfach des genannten KFZ längere Zeit eine Waffe mitgeführt wurde.

Im Rahmen des Einsatzes von EOD-Teams sollte ein altes Haus vor dem Abbruch auf Kampfmittel überprüft werden. Zur Unterstützung wurde mit österreichischen Sprengstoffspürhunden kooperiert. Der Militärhund verhielt sich dabei untypisch an einem Mauerrest – keine eindeutige Anzeige, wobei er sich jedoch sehr interessiert zeigte. Auf Hinweis des Militärhundeführers fanden die Spezialisten im Fundament zwei vergrabene Granaten aus dem 1. Weltkrieg.

Diensthunde-vorführung

Verwendete Hunde

Diensthunde-vorführung

Li.: Rottweiler-Zuchthündin Sandra mit Welpen

Re.: Rottweiler-Rüde Fango

Li.: Rottweiler Rüde Eric

Re.: Stefan Hutterer mit Rottweiler-Wachhund

Beide: Deutscher Schäferhund

Li.: Deutscher Schäferhund

Re.: Rettungs- und Trümmerhund

U. li., re.: Rettungs- und Trümmerhund

O. li.: Suchhunde Suchtgift, Sprengstoff

O. re.: PKW-Durchsuchung

Li., u.: LKW-Durchsuchung

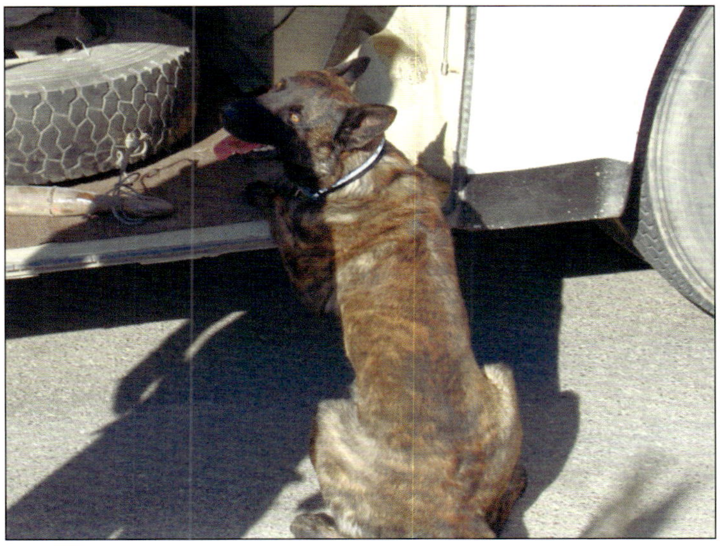

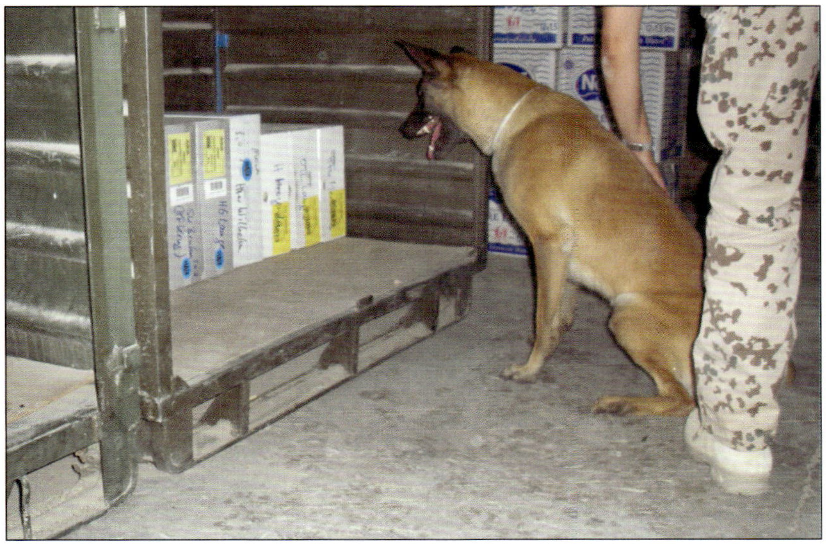

O. li.: Durchsuchung von Nachschubgütern

O. re.: Durchsuchung von Reisegebäck

Li.: Durchsuchung von Räumen

Re.: Die Arbeit ist getan

Re.: Jagdkampf, Überwindung von Hindernissen

Fallschirmabsprung mit Hund

U.: Mit Hund vom Hubschrauber abseilen

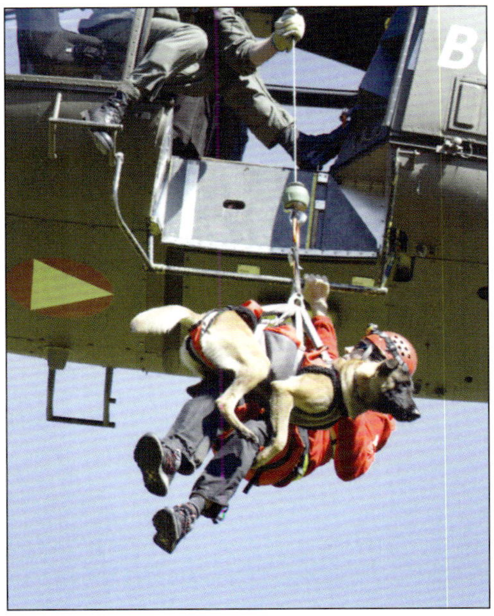

Li.: Von Gebäude abseilen

Re.: Sicherung eines Schützen

Sprung über eine Räumeinheit

Das Jagd-kommando rückt vor

O.: Die Hunde greifen an

Re.: Das Objekt wird gestürmt, ein Täter überwältigt

Diensthunde beim Militärkommando Milstr. u. MP

Li.: Hundetransporter

Re.: Diensthundestaffel K 9

UN-Einsatz Im Kosovo
Mi. li.: Österr. Spürhund mit internationaler KFOR-Patrouille

Mi. re.: Schutzhund bei internationaler KFOR Patrouille

UN-Einsatz am Golan
U. li.: Sprengstoffsuchhund

U. Mi.: Wachhund

U. re.: Kampfmittelspürhund

O.: Durchsuchung der Nachschubgüter

M. li.: Spürhund Jacky am Golan, alle anderen Bilder auch am Golan (unten links mit indischen Kollegen)

Sprengstoffspürhund Danjou, alle anderen Bilder auch am Golan

Militärhundeführer am Golan

O. li.: Oberst Koppitsch mit Rottweiler

O. re.: Ausbildungsleiterin Andrea Nagl

Militärhundeführerinnen

Li.: Verleihung des „Burgenländischen Sicherheitspreises"

Re.: Ausbildnerin Petra Schneidhofer 2. Platz mit Suchtgifthund „Blaze" bei den „Swiss OPEN" unter 400 Teilnehmer

U.: Petra Schneidhofer, Diensthundemeisterschaft Suchtgift 1.Platz

Mi. li.: Das erfolgreiche Team bei der Militär diensthunde-Weltmeisterschaft

U. li.: Diensthundemeisterschaft, ein erfolgreiches Team Schneidhofer und Nagl

U. re.: Das Erfolgsteam Ehepaar Nagl

Petra Schneidhofer, eine der Militärhundeführerinnen, erzählt, wie sie dazu kam und erfolgreich ist:

„Als Kind wollte ich schon immer einen Hund, aber zu Hause war das nicht möglich. Durch einen Bekannten meiner Mutter erhielt ich die Telefonnummer des Militärhundezentrums und erfuhr, dass dort die Möglichkeit besteht, auch als Frau Hundeführerin zu werden. Kurz entschlossen meldete ich mich mit meinen 22 Jahren dort und wurde zu einem Test vorgeladen.

Diensthunde-ausbildnerin Petra Schneid-hofer mit Blaze, Candy und Heks

Was mich dort in Kaisersteinbruch, im Militärhundezentrum erwartete, war alles andere als leicht. In 14 Tagen mussten wir die Ausbildungsunterlagen über Pflege und Fütterung eines Hundes lernen. Der Heerespsychologische Dienst überprüfte meine Belastbarkeit bei 24 Stunden Schlafentzug und starker körperlicher Belastung. Ich habe den Abschlusstest geschafft und wurde als Militärhundeführeranwärterin aufgenommen.

Mir wurde die ein Jahr alte schwarze Deutsche Schäferhündin MALU zugeteilt und gemeinsam haben wir uns durch die dreimonatige Grundausbildung durchgekämpft. Nach einer weiteren 3 Monate langen Spezialausbildung wurde ich Suchtgifthundeführerin mit MALU.

Mein nächster Hund war die Belgische Malinois-Hündin BLAZE, die ebenfalls als Suchtgiftmittelspürhündin ausgebildet war und inzwischen nach zehn Dienstjahren den wohlverdienten Ruhestand bei mir genießt.

Mit ihr hatte ich im Jahr 2010 die schönsten Erfolge. In der Schweiz konnte ich mit BLAZE beim Vergleichskampf für Diensthunde unter 380 Teilnehmern aus Europa den zweiten Platz erringen. Aufgabe war, an vier Stationen – PKW, circa 20 Paar Schuhe, eine Anzahl Rucksäcke und zwei Lagerhäuser -- in einem gewissen Zeitraum Suchtgift zu finden.

Weitere Erfolge und Ehrungen folgten, so wie die Nominierung zum Soldaten des Jahres, die Rochus-Medaille, der Rosa-Jochmann-Preis und der Burgenländische Sicherheitspreis 2013.

Zwischenzeitlich war ich mit einer von mir ausgebildeten Mali-Sprengstoffhündin vier Monate im Kosovo, wo wir an den Kontrollpunkten Dienst versahen. Diese Zeit war für mich sehr angenehm, die Wäsche wurde gewaschen, das Essen gekocht. Ich konnte Sport ausüben und mit dem Hund trainieren. Jeden Mittwoch gab es für die Hundeführer einen internationalen Trainingstag, an dem Hundeführer von allen ausländischen Militäreinheiten und die Kosovo-Polizei teilnahmen. Diesen Hund hat dann in der Heimat eine Kollegin übernommen.

Sonst bin ich im Militärhundezentrum Kaisersteinbruch Ausbildnerin für Suchtgiftmittelspür-hunde und für Kampfmittelspürhunde.

Meine jetzige Schäferhündin CANDI bilde ich derzeit zu einem Kampfmittelspürhund und Rettungshund ohne Schutzausbildung aus.

Eine Rotweilerhündin HEXE bilde ich zum Schutzhund aus, um später mit ihr am Hundesport teilzunehmen.

Mein Zuhause ist ein Haus mit Garten und zwei getrennten Zwingern, in denen die Schäferhündin und die Rotweilerhündin untergebracht sind. BLAZE darf natürlich in der Wohnung alle Vorteile in ihrem Ruhestand genießen, sie hat es auch verdient.

So habe ich, was ich mir schon als Kind gewünscht hatte, ein Leben für und mit Hunden."

XI. Polizeidiensthunde in der Bundesrepublik Deutschland

Als ich 1992 in Deutschland die Landespolizeischule in Westfalen, Schloß Holte- Stukenbrock, die Zollhundeschule in Neuendettelsau und die Bundeswehr-Hundeschule in Koblenz – Bubendorf besuchte, war ich beeindruckt von der Spezialisierung der Hunde, da waren wir in Österreich noch nicht so weit.

NORDRHEIN-WESTFALEN, SCHLOSS HOLTE-STUKENBROCK

Landespolizeischule für Diensthundeführer. Leiter: Polizeihauptkommissar Alfred Maciejewaski
Stellvertreter: Polizeihauptkommissar Kelm. Übungsleiter: Polizeihauptkommissar Stachowiak.

Die Entwicklung dieser Landespolizeischule für Diensthundeführer

Die Landespolizeischule für Diensthundeführer ist für die Ausbildung im Land Nordrhein-Westfalen zuständig. Sie hat sich im Laufe ihrer Geschichte von einer sehr kleinen Dienststelle zu einer weltweit bekannten Facheinrichtung entwickelt. Die Schule ist aus den Polizei- und Abrichteanstalten in Düsseldorf und Senne II hervorgegangen. Im Jahre 1952 wurde an Stelle der beiden Anstalten die Polizeihundezucht- und Abrichtestelle Bork gegründet und im Jahr 1953 in Polizeihundeschule Nordrhein-Westfalen umbenannt.

1977 erfolgte die Verlegung der Schule von Bork nach Schloß Holte-Stukenbrock. Als Bestandteil der Polizei hatte sie sich zunächst laufend den allgemeinen polizeilichen Erfahrungen und Bedingungen anzupassen. In der Schule wuchsen aber vor allem Ideen zur Verbesserung der Ausbildungs-, Einsatz- und Prüfungskonzepte für die Polizeidiensthundeführer und Diensthunde. So gestaltete sich die Verwendung des Diensthundes immer vielfältiger und seine Ausbildung wurde artgerechter.

Heute liegt das Schwergewicht der Schule nicht mehr in der Abrichtung von Hunden, sondern in der Ausbildung von Menschen, die sich im Dienst der Polizei mit Hunden beschäftigen. Bis zum Jahr 1970 wurden ausschließlich Schutzhund- und Fährtenhundelehrgänge durchgeführt sowie Staffelführer und Leistungsrichter ausgebildet.

Wappen Nordrhein Westfalen

Im Jahr **1971** erfolgte der erste Rauschgiftspürhundeführerlehrgang. Der Lehrplan passte sich in der Folgezeit immer wieder der Entwicklung der Rauschgiftkriminalität an. Während die Diensthunde zunächst nur an schwachen Drogen ausgebildet wurden, waren später auch die harten und künstlichen Drogen einzubeziehen.

Li.: Kommandant Polizeihauptkommissar Alfred M., Diensthundeschule Schloss Holte – Stukenbrock

Re.: Schulgebäude

Im Jahr **1978** wurde der erste Sprengstoffspürhunde-Führerlehrgang und ein Jahr später der erste Leichenspürhundeführerlehrgang durchgeführt. Bis heute ist die Bedeutung der Spürhunde für den polizeilichen Einsatz gewachsen, die Ausbildungsmethoden wurden vielfach verbessert.

Im Jahr **1987** entwickelte die Landespolizeischule für Diensthundeführer erstmalig in der Bundesrepublik ein Verfahren, mithilfe von Spürhunden Straftäter als Spurenleger zu identifizieren. Dieses Projekt stellte an die Ausbilder, die Spurenhunde und an den Einsatz nicht gekannte Anforderungen. Die an der Schule betriebene Zucht von Diensthunden wurde im Jahr 1967 aus wirtschaftlichen Gründen eingestellt.

1989 wurde die Schule wieder beauftragt, eine landeseigene Zucht von Polizeihunden aufzubauen, da die Beschaffung geeigneter Hunde die Polizei vor immer größere Schwierigkeiten stellte. Die Preise lagen zwischen zehntausend und zwanzigtausend Mark, und private Züchter legten mehr Wert auf Schönheit und Sportlichkeit. Von hundert auf dem freien Markt angebotenen Hunden kann die Polizei gerade fünf gebrauchen.

Der Haushaltsplan des Jahres 1990 weist Planstellen für dreiundzwanzig Polizeivollzugsbeamte, zwei Angestellte und vier Hundepfleger aus. Die Schule verfügt über ein Verwaltungsgebäude mit elf Büros, Besprechungs- und Sozialräume und einen großen Hörsaal. Für die Unterbringung der Lehrgangsteilnehmer stehen zwei Unterkünfte mit insgesamt sechzig Betten zur Verfügung.

Die Zwingeranlage der Schule umfasst vierzig Einzelzwinger zu je zehn Quadratmetern Lauffläche, diverse Lagerräume, einen Veterinärraum, Aufenthaltsräume für die Tierpfleger und eine separate Quarantänestation mit sechs Einzelzwingern. Ferner stehen für die Zucht zwei Zwingeranlagen zur Verfügung.

Der Organisationsplan der Schule gliedert sich in die Sachgebiete: **Einsatz, Ausbildung, Innendienst**

Die Einsatz- und Verwendungsbereiche des Polizeidiensthundes:

Bei der Polizei des Landes Nordrhein-Westfalen wird jeder Diensthund als Schutzhund ausgebildet und eingesetzt. Speziell veranlagte Schutzhunde werden außerdem zu Spürhunden ausgebildet. Mit diesem Mehrzweckhund hat die Polizei gute Erfahrungen gemacht. Das Prinzip ist aus ökologischer, taktischer und kynologischer Sicht praktikabel und vorteilhaft.

Ausnahmen stellen nur die durch die Landespolizeischule für Diensthundeführer zentral eingesetzten Geruchsspurenvergleichshunde und Leichenspürhunde dar.

Der **Polizeischutzhund** ist im rechtlichen Sinne ein Zwangsmittel der Polizei. Er wird zu Strafverfolgungsaufgaben der Polizei und zur Eigensicherung eingesetzt. Diensthundeführer werden mit Schutzhunden gezielt zur Bekämpfung der Straßenkriminalität eingesetzt. Der Beamte versieht seinen Dienst auch häufig in privater Kleidung.

Der **Polizeispürhund:** Als Rauschgiftspürhund wird er zur Bekämpfung der Rauschgiftkriminalität benötigt. Er spürt schwache und harte, natürliche und künstliche Drogen auf.

Der **Sprengstoffspürhund** wird vorbeugend nach Bombendrohungen zur Suche nach Explosivstoffen jeder Art, Waffen und Munition eingesetzt.

Der **Leichenspürhund** wird hauptsächlich zum Aufspüren von Opfern nach Tötungsdelikten benötigt.

Der **Fährtenhund** wird zur Suche nach vermissten Personen und Verfolgung von Tätern eingesetzt.

Der **Geruchsspurenvergleichshund** soll prüfen, ob die an einem Beweismittel befindlichen Geruchsspuren einer konkret bezeichneten Person zugeordnet werden können. Dabei wird der Test mit drei Hunden durchgeführt, um Zufallsergebnisse auszuschließen.

Nordrhein-Westfalen unterhält 470 Diensthunde, von welchen 80 als Spürhunde eingesetzt sind.

Die Aufgaben der Landespolizeischule für Diensthundeführer:

1. Die Ausbildung von Polizeibeamten zu Diensthundeführern. Nach dem Polizeigesetz ist es vorgeschrieben, dass Hundeführer und Hunde eine spezifische Ausbildung erhalten müssen, bevor sie eingesetzt werden dürfen. Dabei werden der Diensthundeführer und der Diensthund immer gemeinsam als Team ausgebildet und eingesetzt.
2. Die Ausbildung von Diensthundeführern zu Staffelführern, Gruppenführern und Leistungsrichtern.

3. Ausbildung von Polizeidiensthunden – das Prinzip dabei ist, dass das Lehrpersonal der Schule für die Ausbildungsinhalte und Methoden verantwortlich ist, der Diensthundeführer aber in jedem Fall selbst seinen Diensthund führt, betreut und ausbildet.
Die Ausbildung umfasst je nach Verwendungsbereich 40–70 Ausbildungstage.
4. Prüfung der Einsatzfähigkeit der Diensthunde – dabei werden die Diensthunde jährlich einmal überprüft.
5. Zentraler Einsatz der Geruchsspurenvergleichshunde und Leichenspürhunde.
6. Ankauf von Hunden für den Polizeidienst – zur Erhaltung des Hundebestandes sind jährlich etwa 90 Hunde zu beschaffen.
7. Zucht von Hunden für den Polizeidienst – um den bestehenden Problemen bei der Beschaffung entgegenzuwirken, werden Zuchthündinnen zentral durch Beamte der Schule gehalten und betreut. Die Schule wählt unter den Diensthunden des Landes die geeigneten Deckrüden aus.

Weiters ist es Aufgabe der Schule, Aus- und Fortbildungsveranstaltungen für Beamte der Schutz- und Kriminalpolizei abzuhalten, Sachverständigengutachten für Gerichte, Staatsanwaltschaften und Behörden zu erstellen und für die Vorbereitung der Teilnehmer für die Internationale Deutsche Meisterschaft für Diensthundeführer und Ausrichtung der Landesmeisterschaft zu sorgen.

Übersicht über die Leistungsfähigkeit der Landespolizeischule für Diensthundeführer.
Bis Ende 1991 wurden: 3.618 Polizeibeamte mit ihren Hunden ausgebildet.
Im Einzelnen waren dies: 2.998 Schutzhunde
309 Fährtenhunde
235 Rauschgiftspürhunde
55 Sprengstoffspürhunde
21 Leichenspürhunde

Weiters wurden 357 Lehrgänge abgehalten und 67 gezüchtete Welpen an Diensthundeführer des Landes übergeben.

GERUCHSSPURENVERGLEICHSHUNDE

wurden in Nordrhein-Westfalen erfolgreich eingesetzt: Drei Tage durchkämmten Suchtrupps der Kripo Lennestadt im März 1990 ein Waldgebiet in Meggen. Nach 72 Stunden entdeckten sie in einer Fichtenschonung die Leiche von Magdalena B., erschossen und verscharrt. 300 Spuren verfolgten die Beamten ohne Erfolg, vom Täter keine Spur. Nach fast zwei Jahren hatte man einen Verdächtigen und war sicher, dass nur er der Mörder sein konnte. Doch die Beweise reichten nicht aus. Als die Kriminalbeamten keine andere Möglichkeit mehr hatten, wurden die beiden Geruchsspurenvergleichshunde Gin und Ben eingesetzt. Der Verdächtige musste ein Metallröhrchen berühren beziehungsweise seinen Geruch hinterlassen. Da der Mörder auch am Pullover seines Opfers Geruchsspuren hinterlassen hatte, war ein Spurenvergleich möglich.

Nachdem man noch mehrere Metallröhrchen aufgestellt hatte, nahmen die Hunde zuerst am Pullover den Geruch auf und zeigten übereinstimmend das Röhrchen des Verdächtigen an. Unter der Last der Beweise gab der vorbestrafte Täter sein hartnäckiges Leugnen auf und gestand, die Frau erschossen und verscharrt zu haben, da sie ihn beim Schießen mit einer gestohlenen Pistole überrascht hatte.

LEICHENSPÜRHUNDE

Seit dem 7. November war der „dicke Jupp", Boss von drei Nachtlokalen in Dortmund, verschwunden. Seine Freundin, die offizielle Besitzerin der Lokale, bekam zwei Lebenszeichen.

Zuerst der Anruf: „Wir haben den Jupp, keine Polizei."

Am 21. November kam Jupps Schlüsselbund an, dann nichts mehr. Eine Polizei-Sonderkommission glaubte an Mord, galt doch der Jupp als Unterwelt-Typ mit vielfältigen Geschäftskontakten. Unklar war nur, wo die Leiche sein konnte. Bei der Durchsuchung von Jupps Lokalen stießen die Fahnder auf ein altes Gewölbe- und Tunnelsystem, von dem es nicht einmal Pläne gab. Die Suche begann man mit drei Schäferhunden und einem Rottweiler. Vor einem verwitterten Mauerteil mit frischen Betonspuren zeigten die Hunde an, indem sie dort unabhängig voneinander die gleiche Stelle verbellten. Da man mit Hammer und Meißel keinen Erfolg hatte, der Beton war zu hart, wurde ein Presslufthammer eingesetzt und unter 20 cm Beton fand man den durch einen Genickschuss liquidierten Jupp Hemmling.

O.: Das Stammpersonal züchtet Deutsche Schäferhunde

Li.: Ausbildner für Leichensuchhunde

Mi.: Ausbildner für Sprengstoffsuchhunde

Re.: Übung mit Sprengstoffsuchhund

Übung mit Sprengstoffsuchhund

Li.: Junger Schäferhund angehender Sprengstoffsuchhund

Re.: Transport eines Hundes

Der Vielseitigkeitswettkampf soll die praktische Leistungs- und Einsatzfähigkeit des Diensthundeführers unter Einbeziehung des Diensthundes im sportlichen Vergleich der Teilnehmer darstellen. Der Diensthund soll die praktischen Einsatzmöglichkeiten des Diensthundeführers erweitern.

DIENSTHUNDEWESEN IN DER EHEMALIGEN DEUTSCHEN DEMOKRATISCHEN REPUBLIK

Es begann mit einer Verfügung des Polizeipräsidenten von Berlin, der zufolge mit Wirkung vom **1. Oktober 1945** eine Dienststelle für Polizeihundewesen errichtet wurde, nicht zuletzt deshalb, da die Beamten ihren Dienst unbewaffnet versahen.

Die Berliner Entwicklung des Diensthundewesens nach dem Krieg war kennzeichnend für alle Länder der sowjetischen Besatzungszone. Die Menschen in Ostdeutschland hungerten, an eine ausreichende Versorgung mit Fleisch war nicht zu denken. Wenn das Geld vorhanden war, einen Hund zu kaufen, mussten auch noch die Kosten für Futter und Ausbildung getragen werden. Oft waren die Diensthundeführer und ihre Familien gezwungen, die Hungerration mit dem Hund zu teilen.

Diese Tatsache wird durch einen Bericht der Landespolizeibehörde Brandenburg aus dem Jahr 1948 bestätigt, dem zufolge 19 Polizeihunde während des Winters verhungert sind. Den Diensthundeführern der vierziger Jahre in der sowjetischen Besatzungszone kann ein Höchstmaß an Tierliebe, Opferbereitschaft und Optimismus bescheinigt werden, denn der Polizeihund wird kaum lauter geknurrt haben als der Magen seines Hundeführers.

Zwischen 1948 und 1950 gingen Landespolizeibehörden dazu über, Abrichteanstalten für Diensthunde auf ihren Territorien zu errichten, meist in kleineren Objekten mit begrenzter Lehr- und Ausbildungskapazität.

SPEZIALSCHULE SACHSEN-ANHALT

Nach der Besichtigung durch eine Kommission im Jahr 1949 wurde 1950 in den Anlagen des ehemaligen Fliegerhorstes PRETZSCH mit der Installierung einer Polizeihundezucht- und Abrichteanstalt begonnen, die man 1951 in „Landes-Abrichteanstalt für Diensthunde der Volkspolizei“ umbenannte und der Schutzpolizei unterstellte. Nachdem es aus Gründen der straffen Koordinierung und Vereinheitlichung notwendig geworden war, löste man die Landesabrichteanstalten 1953 auf. PERTSCH wurde zur

ZENTRALSCHULE DER DEUTSCHEN VOLKSPOLIZEI

für das Diensthundewesen ausgebaut und dem Ministerium des Inneren unterstellt. Von hier aus erfolgte die Anleitung zur Aus- und Weiterbildung der Diensthundeführer. Schließlich erfolgte 1966 abermals eine Umbenennung in: **SPEZIALSCHULE FÜR DIENSTHUNDEWESEN DES MINISTERIUMS DES INNEREN**

1973 wurde die Schule durch umfangreiche Baumaßnahmen erweitert, um den Anforderungen der Praxis besser gerecht zu werden, 1980 begann die Ausbildung von Abschnittsbevollmächtigten, und 1987 erhielt die Schule den Status einer Fachschule.

Von 1989 bis 1991 begann die große Wende, während der die Diensthundeführer eigentlich relativ ungeschoren blieben, da sie nie den Kontakt zur Bevölkerung auf der Straße verloren haben.

Die Diensthundeführer waren immer Angehörige der Kriminalpolizei und wurden speziell für den Bereich der kriminalistischen Spurensuche und Sicherung ausgebildet. Sie schufen ein Geruchskonservenlager nicht aufgeklärter Straftaten und von bekannten Straftätern (circa 6.500 Stück), führten Einzelberichte, eine Registratur und hatten Zugang zu kriminalistischen Karteien.

Alle Geruchskonserven und schriftlichen Unterlagen wurden 1990 vernichtet, die vier Spezialhunde innerhalb eines Jahres eingeschläfert.

Für das Jahr 1992 wurde von der Spezialschule für Diensthundewesen in Pretzsch ein entsprechendes Lehrgangsangebot erarbeitet, neue Anforderungen an die Auswahl und Besetzung der Diensthundeführergruppen erstmals herausgegeben, die beinhalten: überdurchschnittliches Leistungsvermögen, Tierliebe, körperliche Gewandtheit.

Der Diensthundeführer nimmt einen neuen Stellenwert in der Polizei ein, er ist SPEZIALIST und handelt auch als solcher.

XII. Deutsche Zolldiensthunde

ZOLLHUNDESCHULE NEUENDETTELSAU

Die Zollhundeschule **NEUENDETTELSAU** ist für den südlichen Bereich mit den Bundesländern Hessen, Bayern, Baden-Württemberg, Rheinland-Pfalz und Saarland zuständig.

Die Zollhundeschule **BLECKEDEI** ist für den nördlichen Bereich mit den Bundesländern Nordrhein-Westfalen, Niedersachsen, Schleswig-Holstein und den Städten Bremen, Hamburg und Berlin zuständig.

Die deutsche Zollverwaltung verfügt derzeit über 1.400 Zolldiensthunde, die im Zollgrenzdienst eingesetzt sind. Auch im technischen Zeitalter ist der Zollhund nicht entbehrlich. Die Technik hat bis heute keine Hilfsmittel entwickeln können, die das Gehör und den Geruch des Hundes ersetzen können.

Die Zollhundeschule **Neuendettelsau** wurde 1958 in Betrieb genommen.

Leiter: Zollhauptkommissär Bolten, Stellvertreter: Zollhauptkommissär Schlegel. Ihnen stehen acht Ausbildner und fünfzehn Beschäftigte als Stammpersonal zur Verfügung.

Das Schulgebäude besitzt 37 Zweibettzimmer mit Waschgelegenheiten für Lehrgangsteilnehmer. Das vollständig umfriedete Ausbildungsgelände von zirka 135 Hektar ist überwiegend bewaldet und verfügt über ein Straßen- und Wegenetz von rund 40 Kilometern. Auf dem Gelände befinden sich acht Ausbildungsplätze.

Für die Rauschgiftspürhund-Ausbildung stehen innerhalb der umfriedeten Anlage vier Gebäude zur Verfügung. Ein weiteres befindet sich außerhalb. Im Ausbildungsgelände befinden sich noch eine Zwingeranlage für 60 Hunde sowie ein Gebäude, in

Kommandant Zollhauptkommissär Bolten

dem die Futterküche, ein Krankenbehandlungsraum, drei Krankenzwinger sowie ein Desinfektionsbad untergebracht sind. Weiter draußen im Gelände befindet sich außerdem eine Freizwingeranlage für 15 Hunde, die gegebenenfalls zu Quarantäne genutzt werden kann.

Zu Zollhunden für den Grenzaufsichtsdienst dürfen nur Hunde der anerkannten Diensthunderassen (Deutscher Schäfer, Rottweiler, Riesenschnauzer, Airedale-Terrier, Hovawart, Bouvier, Deutscher Boxer und Dobermann) ausgebildet werden, wobei die beiden letztgenannten Rassen wegen ihres dünnen Haarkleides (ohne Unterwolle) und der damit verbundenen Anfälligkeit für Krankheiten bei der Bundeszollverwaltung nicht mehr geführt werden.

An der Zollhundeschule erfolgt dann die Ausbildung der Hundeführer und die Abrichtung der Hunde zuerst in einem Grundausbildungslehrgang von sechs Wochen Dauer. Nach bestandener Zollhund-I-Prüfung werden Zollhundeführer und Zollhund im Einsatzbezirk in Praxisübungen weiter ausgebildet und bei entsprechendem Leistungsstand, spätestens jedoch nach zwei Jahren zum B-Lehrgang entsandt. Er dauert vier Wochen und endet mit der Zollhund-II-Prüfung. Zollhunde mit besonderer Fährtenveranlagung werden in Sonderlehrgängen von fünf Wochen weiter ausgebildet und erhalten nach bestandener Prüfung das Ausbildungskennzeichen Fährtenhund.

Goldenes Abzeichen der ZHSCH

Die **1970** begonnene Rauschgiftspürhund-Ausbildung nimmt inzwischen einen breiten Raum ein und wächst in ihrer Bedeutung mit dem leider noch immer ansteigenden Drogenhandel beziehungsweise -konsum. Ausgebildete Hunde der Diensthunderassen, aber auch Hunde anderer Rassen und Mischlinge werden zu Rauschgifthunden ausgebildet. Geeignete Hunde werden in zwei vierwöchigen Lehrgängen ausgebildet.

Neben den erwähnten Lehrgängen bildet die Zollhundeschule auch die Zollhundelehrwarte aus, denen die Betreuung und Weiterbildung der Zollhunde im Einsatzbezirk obliegt. Ferner werden in D-Lehrgängen Grundkenntnisse des Zollhundewesens an Beamte vermittelt, die als Zollkommissare oder Sachbearbeiter mit dem Bereich der Zollfahndung zu tun haben.

Aber auch Lehrgänge für Diensthunde der Bayrischen Polizei, der Bahnpolizei und Sprengstoffspürhunde werden an der Schule ausgebildet. Bis zu 75 Diensthundeführer mit ihren Hunden können gleichzeitig geschult werden.

Zusätzlich haben mehr als 100 ausländische Hundeführer, Ausbilder und Leiter von Hundeschulen an Lehrgängen teilgenommen. Neuendettelsau ist zu einem weltweiten Begriff geworden. Das Gästebuch könnte einen fast etwas exotisch anmuten. Von den skandinavischen Ländern bis nach Südafrika, von Nord- und Südamerika über Australien bis in den Fernen Osten haben sich Besucher eingetragen. Aus Frankreich, Luxemburg, Singapur, Malaysia, Mali, Griechenland und Österreich waren Beamte hier. Seit Bestehen der Zollhundeschule Neuendettelsau wurden in mehr als 800 Lehrgängen über 15.000 Beamte und Hunde ausgebildet. Ziel der Schule ist es, Hund und Führer auf den neuesten Stand der Praxis und die schnell wechselnden Schmugglermethoden einzustellen.

MIT DEN AUGEN EINES DEUTSCHEN ZOLLHUNDES

Es begann, wie so vieles Angenehme, mit einer Autofahrt. Endlich blieben wir stehen und ich durfte heraus. Die Gegend war mir völlig unbekannt. „Abwarten", dachte ich, „und Wasser saufen." Nach einer großen Zweibeinerhütte erreichte ich mit meinem Herrn Behausungen, die unseren ganz ähnlich waren, jedoch in einer Menge, wie ich sie noch nicht gesehen hatte. Bisher glaubte ich, nur Zweibeiner leben in solchen Massen nebeneinander. Nach einer unruhigen Nacht wurde es endlich hell und ich hörte eine Menge Zweibeiner herankommen. Ich vernahm die Stimme meines Herrn und tobte vor Freude. Die anderen Hunde verhielten sich ebenso. Ich bekam jedoch gleich einen Dämpfer, denn nach der freudigen Begrüßung folgte die Demütigung auf dem Fuße. Mir wurde ein Ledergeflecht über mein bis dahin oft loses Maul gestülpt, und aus war es. „Bei meinen Ahnen", fragte ich mich, „habe ich meine kräftige Stimme und meine starken Zähne, um mir das Maul verbinden lassen zu müssen?" Ich war ehrlich beleidigt und konnte mich mit dem Ding auch nicht so schnell abfinden. Dann fand ich es auch ausgesprochen fad, auf Geheiß meines Herrn den Fußabdrücken eines Zweibeiners zu folgen, der mich überhaupt nicht interessierte. Aber ich merkte bald, dass er nicht nachgab, und ich machte ihm die größte Freude, wenn meine Nase ihn nicht enttäuschte. Wir waren in Gruppen eingeteilt, wenn wir diese Einhol-, Such- und Beißspiele machten, wobei die Zweibeiner uns immer wieder mit neuen Varianten überraschten. Wer von uns weiß nicht, dass die Zweibeiner kaum Zeit für uns haben, es sei denn, wir sind mit ihnen in der Zollhundeschule in Neuendettelsau.

ENTWICKLUNG DES DEUTSCHEN ZOLLHUNDEWESENS

Heiko Roddies, Lehrender Durch das Schengener Abkommen, die Wiedervereinigung beider deutscher Staaten und die Erweiterungen der EU gab es natürlich auch große Veränderungen innerhalb der deutschen Zollverwaltung. So fanden seither viele kleinere und größere Umstrukturierungen statt, bis dann 2016 als neue Bundesoberbehörde die Generalzolldirektion gegründet wurde, die sich in zwei Zentral- und sieben Fachdirektionen gliedert. Die Direktion IX ist das Bildungs- und Wissenschaftszentrum der Bundesfinanzverwaltung (BWZ), der die beiden Zollhundeschulen mit den Dienstorten Bleckede und Neuendettelsau angegliedert sind. Dahingehend haben sich auch die örtlichen Zuständigkeiten beider Zollhundeschulen geändert, wobei die strategische Ausrichtung Nord/Süd glücklicherweise beibehalten wurde. Man entschied sich zur Zuweisung auf Ebene der Hauptzollämter. Aber auch am Standort Neuendettelsau gab es Veränderungen: Nach langem Drängen haben wir endlich ein eigenes Unterkunftsgebäude, das auf vier Etagen 30 Einzelzimmer mit Nasszelle und WC sowie zwei Teeküchen bereithält. Leider haben wir keine eigene Küche mehr, so wie Sie es sicher noch in Erinnerung haben. Die Lehrgangsteilnehmer beziehen ihre Mahlzeiten jetzt von einem Caterer. Auch wurde eine zweite Zwingeranlage errichtet. Insgesamt können wir nunmehr in der Hauptzwingeranlage 70 Hunde beherbergen. Allerdings werden die beiden Zollhundeschulen gemeinsam mit der Bundespolizei (früher Bundesgrenzschutz) genutzt.

Aber auch in der Ausbildung der Zollhunde hat sich vieles geändert. Wurden unsere Spürhunde früher ausschließlich aktiv verweisend ausgebildet, so arbeiten sie heute nur noch passiv verweisend (bis auf die auslaufenden älteren Hunde). Weiter haben wir in unserem Programm auch die Ausbildung von Spürhunden, die im Umfeld von Personen suchen. Hier suchen die Hunde vor allem nach Rauschgift oder Bargeld. Nach einem fünfwöchigen Grundlehrgang, in dem Gehorsam und die Geruchsstoffkonditionierung stattfinden, müssen die Teilnehmer sieben Wochen an einen großen Flughafen (Frankfurt/M. oder München) zum Aufbaulehrgang. Dort wird dann vor allem im Umfeld von Personen gearbeitet, wobei natürlich das Gepäck nicht vergessen wird. Selbstverständlich werden diese Hunde nicht im Schutzdienst ausgebildet. Die Schutzhunde, deren Rassen Sie ja bereits in Ihrem Buch beschrieben hatten (zu den Diensthunderassen dazugekommen sind die Belgischen Schäferhunde und der Holländische Schäferhund), werden in einem dreiwöchigen Grundlehrgang und einem fünfwöchigen Aufbaulehrgang in Unterordnung und Schutzdienst ausgebildet (es gibt also keine Nasenarbeit mehr).

Erst danach werden sie in einem zweimal fünfwöchigen Lehrgang zu einem Spürhund (dual) ausgebildet. Das kann ein Rauschgiftspürhund sein, wie wir ihn seit 1970 schon haben, oder ein Bargeldspürhund, Tabakspürhund, Sprengstoffspürhund oder Artenschutzspürhund sein. Natürlich werden bei uns auch andersrassige Hunde (Labrador-, Flatcoated-, Golden Retriever, Dt. Draht-, Kurz-, Langhaar, Jagd-, Fox-, Jack Russel Terrier, Weimeraner, usw.) oder Mischlinge ausgebildet. Aber die müssen vor der Spürhundausbildung eine Gehorsamsausbildung (drei Wochen) absolvieren.

Der erste Hinweis auf Hunde im Grenzdienst ergibt sich aus einem Erlass vom 21. Juni 1921. Dort heißt es:

In den auf meinen Runderlass eingereichten Berichten hat sich die Mehrzahl der Landesfinanzämter gegen eine Verwendung von reichseigenen Hunden im Grenzwachdienst ausgesprochen, da die Kosten der Beschaffung und Haltung von Hunden in keinem Verhältnis zu den erwarteten Leistungen stehen. Ich sehe deshalb von einer dienstlichen Anschaffung von Zollhunden ab. Andererseits ist nicht zu leugnen, dass ein brauchbarer Hund den Grenzbeamten vor der unbemerkten Annäherung, vor der Anwesenheit verborgener Personen warnt, dass er Fliehende stellt, dass er weggeworfene oder versteckte Gegenstände im Gelände aufstöbern kann, woraus sich für den Dienst nicht unerhebliche Vorteile ergeben. Ebenso verdient Beachtung, dass der scharfe Hund von den Schmugglern gefürchtet wird und dass die Begleitung eines Hundes dem Beamten, besonders im Dunkeln, ein Gefühl der Sicherheit verleiht. Es ergibt sich daraus die Möglichkeit, dass unter Verwendung eines Hundes nächtlicher Streifendienst auch von einem Beamten versehen werden kann, wo er sonst nur von zwei oder mehr Beamten gemeinsam wahrgenommen zu werden pflegte.

In diesem Erlass wird zum 1. April 1922 die Ermächtigung erteilt, geeigneten Beamten des Grenzaufsichtsdienstes und Zollgrenzangestellten zu genehmigen, eigene Hunde als Schutzhunde für den Grenzüberwachungsdienst abzurichten und zu führen. Für die Pflege und Unterhaltung des Hundes konnte den Besitzern eine monatliche Vergütung bis zur Höhe von 100 Mark gewährt werden. Es kann davon ausgegangen werden, dass das Zollhundewesen am 1. April 1922 offiziell eingeführt worden ist. Die Entwicklung im Zollhundewesen ging nur langsam voran. Erst nachdem der Reichsminister der Finanzen die Vergütung für das Halten von Schutzhunden im Grenzaufsichtsdienst durch Erlass geregelt hatte, änderte sich etwas. Danach bestimmte der Präsident des Landesfinanzamtes auf Vorschlag des Vorstehers des Hauptzollamtes nach den örtlichen Bedürfnissen, welche Beamten Schutzhunde im dienstlichen Interesse halten durften. Dabei wurden besonders Beamte berücksichtigt, die durch Vorlage eines Zeugnisses eines anerkannten Hundezuchtvereines nachweisen konnten, dass sie mit der Abrichtung und Führung von Schutzhunden vertraut waren. Den Beamten wurden zum Ankauf des Hundes ein Vorschuss in Höhe von 250 Reichsmark und eine monatliche Vergütung für Futterkosten und Hundepflege in Höhe von 20 Reichsmark gewährt. Der Vorschuss wurde durch die Einbehaltung eines Teiles des sogenannten Futtergeldes getilgt. Dadurch blieb der Beamte Eigentümer des Hundes. Die Zollverwaltung ging davon aus, dass ein Beamter seinen eigenen Hund besser pflegen und ausbilden würde als einen Hund, der der Verwaltung gehört.

Ungelöst war zu dieser Zeit noch die Frage der Ausbildung von Führer und Hund unter fachmännischer Anleitung. Die bisher gekauften Hunde mussten eine Schutzausbildung durch einen anerkannten Hundezuchtverein haben. Mangels geeigneter Lehrer konnten verwaltungseigene Ausbildungsstätten nicht eingerichtet werden. Die Polizei war jedoch bereit, Zollbeamte in sechswöchigen Lehrgängen als Hundeführer auszubilden sowie Hunde zu beschaffen und sie auf ihre Dienstbrauchbarkeit zu überprüfen. Führend in der Ausbildung von Diensthunden war damals die Staatliche Lehr- und Versuchsanstalt für das Polizeihundewesen in Grünheide/Mark.

Mit Beginn des Zweiten Weltkrieges stellte das Zolldiensthundewesen neben Polizei und Heer schon einen sehr hohen Anteil ausgebildeter Zollhundeführer und Hunde. Gegen Ende des Zweiten Weltkrieges waren zirka 10.000–12.000 Zollhunde im Einsatz.

Als nach dem Krieg die Überwachung des grenzüberschreitenden Verkehrs wieder von der Zollverwaltung übernommen wurde, entsann man sich der großartigen Erfolge des verwaltungseigenen Zollhundewesens aus der Zeit vor dem Krieg und während des Krieges und hoffte, durch einen planvollen Einsatz von Zollhunden die Grenzüberwachung effektiver gestalten zu können. Um die Hundeführer mit ihren Hunden auch ausbilden zu können, war es unerlässlich, verwaltungseigene Ausbildungsstätten einzurichten.

Bereits 1947 errichtete die Chefinspektion des Zollgrenzdienstes in der damaligen britischen Besatzungszone in Quakenbrück die erste verwaltungseigene Zollhundeschule.

1951 folgte die Zollhundeschule Epfenhofen in der französischen Besatzungszone und die Zollhundeschule in Frauendorf bei Vilshofen in der amerikanischen Zone.

1953 wurde noch eine weitere Zollhundeschule in Oberdachstätten eingerichtet.

Rauschgift: Auffinden von 686.000,00 Gramm Marihuana (686 kg) in einem Betonstein am 30. Oktober 2013, geladen auf einem Lkw-Auflieger, auf einem Parkplatz der Autobahn A3. Der Stein war circa 2 x 2 x 2,5 m groß und wog 17,8 Tonnen. Die Rauschgiftspürhündin „Fee“, eine Deutsche Schäferhündin, zeigte auf dem Auflieger beim Einsatz sofort ein verändertes Verhalten und verwies an der Unterkante des auf zwei Holzbalken aufliegenden Steins passiv das Vorhandensein von Rauschgift. Der Stein wurde mit schwerem Gerät an der Unterseite (circa 20–25 cm starker betonierter, armierter Boden) geöffnet, wodurch das Marihuana zum Vorschein kam.

Artenschutz: Am 22. Februar 2011 wurde am Flughafen Frankfurt/M. bei der Absuche des Reisegepäcks von aus Caracas/Venezuela einreisenden Personen in zwei Stofftragetaschen durch intensives Kratzen aktiv das Vorhandensein von artengeschützten Tieren oder Waren durch den Zollhund „Uno“, einen Labrador-Retriever-Rüden, verwiesen. Bei der Kontrolle der Taschen wurden in beiden Taschen mit Wasser gefüllte Plastikbeutel mit insgesamt 149 lebenden Süßwasser-Zierfischen festgestellt.

Bei der Suche an Postpaketen beim Internationalen Postzentrum in Frankfurt/M.-Flughafen fand o. g. Artenschutzspürhund am 14. Juni 2013 bei der Absuche diverser Postpakete unterschiedlicher Herkunftsländer in einem Pappkarton 75 lebende Vogelspinnen, die jeweils in Cremedosen verpackt waren. Das Paket kam aus Yaounde/Kamerun.

Am 10. August 2016 verwies o. g. Spürhund durch intensives Kratzen an einem Koffer einer aus Windhuk/Namibia einreisenden Person ein gegerbtes Fell des sogenannten Hartmann-Bergzebras.

Am 25. August 2016 fand der Zollhundeführer in einer durch den o. g. Artenschutzspürhund aktiv verwiesenen Tragetasche die gegerbte Haut eines Flusspferdes. Das Gepäckstück befand sich im Transit von Namibia nach Österreich.

Schulgebäude

Schulpersonal

Li.: Suchtgift-Schulungstafel

Re.: Suche nach Suchtgift im Motorraum, Übung

Hubschrauber-einsatz

U. li.: Im Gelände Vorpasshaltung

U. re.: Deutsche Zollmeisterschaft

XIII. Diensthunde der Deutschen Bundeswehr

Die ehemalige Schule für Diensthundewesen der Deutschen Bundeswehr in Koblenz – Bubendorf

Die ehemalige Schule wurde geleitet von Oberveterinär Dr. Uwe Herr, dem ein Stab von erfahrenen Ausbildern zur Seite stand.

An der Schule wurden auch Lehrgänge für Veterinäroffiziere, Unteroffiziere und Wachleiter abgehalten.

Schule für Diensthundewesen der Bundeswehr

KOBLENZ

Die Historie der Schule geht auf das Jahr 1958 zurück. In Koblenz-Bubenheim wurde eine Hundestaffel aufgestellt, wobei Personal und Hunde damals aus Diensten der British Army übernommen wurden. Der Kernauftrag der 1961 in „Hundeschule der Bundeswehr" umbenannten Einheit war die Ausbildung von Wachmännern mit ihren Wachbegleithunden. Im Laufe der Jahre unterlagen sowohl Aufgabenspektrum wie auch Kompetenzen wesentlichen Änderungen. Die Ausbildung der Wachbegleithunde wurde dementsprechend durch weitergehende Spezialisierung dieser Hunde erweitert.

1993 wurden die ersten Wachbegleithunde der Hundeschule der Bundeswehr zu Sprengstoffspürhunden spezialisiert, es entstand das Konzept des dualen Diensthunds. Das heißt, dass ein Diensthund neben den beschriebenen Spezialaufgaben auch als Hilfsmittel zur körperlichen Gewalt, also bei der Abwehr von Angriffen auf die Soldaten, Verfolgung Flüchtender und der Abschreckung von Gewalttätern, eingesetzt werden kann.

Der Schule ist eine Tierklinik angeschlossen, die von Dr. Kortheurer geleitet wird. Es gibt eine eigene Zahnstation, auch kieferorthopädische Operationen gehören zum Klinikalltag. Die Klinik versorgt jährlich12.700 Hunde ambulant und 500 stationär. Operationen erfolgen, nach Vorbereitung des Patienten in der OP-Vorbereitung, in einem eigenen sterilen OP.

Für die Untersuchung der Tiere besitzt die Klinik neben einer eigenen Röntgenabteilung ein eigenes Labor sowie die Möglichkeiten zum EKG und zur Endoskopie beim Diensthund.

Für die Behandlung und Versorgung der Hundepatienten sind ein Tierarzt, zwei Angestellte, vier Tierpfleger und zwei Auszubildende im ständigen Einsatz.

Die Bundeswehr hatte 1983 sieben an der Schulklinik operierte Diensthunde mit künstlichen Hüftgelenken im Einsatz. Die Diensthunde der Bundeswehr versahen in der Regel fünf Jahre ihren Dienst. Auf einer eigenen Station werden die ausgedienten Diensthunde in einer Pension gehalten, oder sie werden an Interessenten in der Nähe der Schule vergeben.

Derzeit stehen 160 Vierbeiner der verschiedensten Rassen, zu 70 % der Belgische Schäferhund und nicht mehr der Deutsche Schäferhund, in Ausbildung. Der Belgische Schäferhund (Malinois) ist nicht so überzüchtet, er ist nervlich und physisch belastbarer und leidet nicht so häufig an zuchtbedingten Hüftgelenk- und Kniekrankheiten. Die Hunde werden mit 18 Monaten angekauft und müssen bereits eine Vorahnung haben. Die Malinois kosten zwischen 1.500 und 1.700 Mark. Beim Ankauftest entsprechen meistens nur 10 % den Anforderungen für den Wachdienst. Der Hund muss unbedingt schussfest sein, auf Schönheit wird kein Wert gelegt.

Werner Nentwig, seit 30 Jahren Ausbildungsleiter: „In der relativ kurzen sechswöchigen Grundausbildung werden die Hunde zu selbstständigem Arbeiten auf den Gebieten Fährte, Schutzdienst und Unterordnung gemeinsam mit ihren Hundeführern, die zivile Mitarbeiter sind, abgerichtet und ausgebildet, um das Ausbildungsziel beziehungsweise die Abschlussprüfung zu bestehen. Das Prinzip der Ausbildung des Hundes durch seinen zukünftigen Führer unter Aufsicht und Anleitung durch einen erfahrenen Ausbilder hat sich bestens bewährt. Vorrangig werden folgende Forderungen an den Diensthund gestellt: Erhöhung des Wacheffektes, Schutz des Diensthundeführers, Hilfsmittel des unmittelbaren Zwangs."

In der Bundeswehr gibt es 4.000 ausgebildete Diensthundeführer und derzeit stehen 1.800 Diensthunde bei rund 130 Objekten im Einsatz. Durch objektbezogene Wachübungen werden die an der Schule ausgebildeten Wacheteams auf die Besonderheiten vor Ort eingestellt. Die Einsatzfähigkeit der einzelnen Wacheteams wird durch eigene Trupps der Schule routinemäßig vor Ort überprüft.

Bereits 1959 war ein Truppenversuch an der Infanterie-Truppenschule in Hammelburg erfolgreich durchgeführt worden.

So wurden von der Schule für Diensthundewesen der Bundeswehr in den Jahren von 1964 bis 1988 im Rahmen der Auslandshilfe über 200 Hunde angekauft und dem Ausland übergeben. Diese Hunde gingen nach Portugal, Tunesien und in die Türkei. In Tunesien wurde mit Hilfe der Bundeswehr eine Hundeschule für die tunesische Armee aufgebaut.

Die Fähigkeiten des Hundes, auch in der Nacht noch auf 800 Meter Entfernung Gegenstände und Personen absolut zuverlässig zu orten, machen ihn unentbehrlich. Er meldet Extremsituationen durch seine veränderte Körpersprache und ist selbst in Zeiten technischer Spitzenleistungen unersetzbar.

Dieses seit 10.000 Jahren treue Wach- und Haustier bezeichnet der Leiter der Schule, Dr. HERR, als einen mobilen Biosender beziehungsweise ein Frühwarnsystem."

ALS ICH BEI DER BUNDESWEHR NOCH DIE SCHULBANK DRÜCKTE - Erinnerung eines Diensthundes

Ich war noch keine zwei Jahre alt, als ich an die Bundeswehr verkauft wurde. Aber bis es dazu kam, musste ich erst einmal zeigen, was ich konnte, und der Ankäufer ließ mich mit kritischem Blick meine Leistungen vorführen. Zunächst lief ich mit meinem Herrn alle Bewegungen der Unterordnung, die ich eigentlich ganz schön gut beherrschte. Aber dann musste ich auch Schutzdienstübungen absolvieren. Das laute Knallen aus dem Revolver ließ mich kalt. Kurz, der Ankäufer der Schule war mit meinen Leistungen zufrieden, und nachdem der Kaufpreis ausgehandelt worden war, wurde ich mit fünf anderen Hunden, die den gleichen Erfolg gehabt hatten wie ich, in ein Automobil geladen, jeder von uns in eine eigene Box, und schon ging es in langer Fahrt unserem Bestimmungsort entgegen. Ich war dann froh, aus diesem schaukelnden Vehikel herauszukommen und in der Schule in einen Zwinger geführt zu werden. Hier hatte ich wenigstens einen größeren Bewegungsraum, eine eigene Hütte und wurde mit Wasser und Futter versorgt.

Doch schon am nächsten Morgen musste ich aus meinem Heim heraus. Es hieß, meine Kameraden und ich müssten noch von einem Tierarzt auf Herz und Nieren geprüft werden. Erst wenn diese Prozedur beendet und wir für gesund erklärt worden wären, wäre unsere Übernahme an die Schule sicher. Man führte mich in einen Raum, gab mir eine Beruhigungsspritze, legte mich auf einen Tisch und röntgte mich, um festzustellen, ob ich einen Schaden an der Wirbelsäule oder eine Hüftgelenksdysplasie habe. Dann ging alles sehr schnell und ich war recht verdutzt, nach wenigen Augenblicken schon wieder vom Tisch heruntergelassen zu werden, ohne irgendeinen Schmerz empfunden zu haben. Aber zu früh gefreut. Ich wurde auf einen anderen Tisch gesetzt, und nun begutachtete mich der Tierarzt, prüfte meine Muskulatur, mein Fell, schaute mir tief in die Augen, in den Fang und selbst in Nase und Ohren, Letzteres war besonders unangenehm, obwohl es nicht weh tat. Dann setzte er mir das Endstück zweier Schläuche, die in seinen Ohren steckten, an die Brust, um meinem Herzklopfen und meinem Atmen zu lauschen. Schließlich musste ich draußen noch auf und ab laufen und mir die einzelnen Gelenke abtasten, beugen und strecken lassen. Zuletzt nahm man mir eine Blutprobe vom Hinterlauf, und zur Belohnung für meine Duldsamkeit erhielt ich zwei Spritzen unter die Haut, Schutzimpfungen gegen Tollwut und die vier anderen seuchenartigen Hundekrankheiten. Jetzt wurde ich für gesund erklärt und entlassen, aber leider nicht wieder in den geräumigen Zwinger, sondern in die Quarantänestation. Erneut völlig neue Gesichter und viele Menschen, fremde Geräusche und Gerüche.

Das war wieder eine Aufregung wert. Andererseits lebte ich bei Futter und anderen Freuden hier recht gut. Ich trug jetzt ein neues eigenes Halsband, an dem meine Dienstnummer befestigt war. Täglich durfte ich auch längere Zeit in einen Auslauf ins Freie. Ich wurde gebadet, getrocknet und jeden Tag gebürstet. Arbeit gab es für mich keine, ich fühlte mich wie in einem Sanatorium. Aber nach vier Wochen war die schöne Zeit vorbei. Ich wurde aus der Quarantänestation entlassen. Jetzt fing der Ernst des Lebens an.

Eines Morgens wurde ich meinem neuen Menschen beigegeben, der mit mir gemeinsam den Lehrgang an der Schule zu absolvieren hatte. Zunächst marschierte ich mit meinem neuen Menschen täglich lange Zeit und wir fanden dabei immer besser zueinander. Schon nach wenigen Tagen wusste ich, dass ich meinen neuen Herrn gefunden hatte, der nun täglich ganz für mich allein da war. Er gab mir täglich Futter und Wasser, pflegte mich, führte mich aus und es dauerte nicht lange, da übten wir bereits Unterordnung und Schutzdienst. Ich verstand seine Befehle und er spürte, was ich ihm kundzutun hatte. Zwischendurch hatten wir Gesundheitsappell. Mein neuer Herr musste auch verschiedene Vorträge besuchen und nach vier Wochen trat ich mit meinem Herrn zur Abschlussprüfung an. So etwas wie Lampenfieber spürten wir wohl beide, aber die Aufregung legte sich bald und glücklich waren wir, als wir mit einer ansehnlichen Punktzahl vor unserem Prüfer bestanden hatten. Damit war unsere Schulzeit beendet.

Wieder ging es auf Reisen und erst an meinem neuen Bestimmungsort sah ich meinen Herrn wieder. Hier versahen wir nun tagaus, tagein unseren Dienst. Wir machten nachts unseren Rundgang durch die Liegenschaft, die es zu bewachen galt. Aber es wurde auch trainiert und alle zwei Jahre kam ein Leistungsrichter der Schule, um unser Können zu überprüfen und zu bewerten. Einmal war er nicht zufrieden mit unseren Leistungen und wir, mein Herr und ich, mussten zur Nachschulung noch einmal die Schule in Bubenheim besuchen. Auch als ich ernstlich erkrankte, wurde ich in die Klinik der Schule aufgenommen und vom Veterinär operiert. Anschließend wurde ich noch zwei Wochen gesund gepflegt. Neben mir gab es etwa zwanzig Leidensgenossen, die wie ich Pflegefälle waren. Das sind meine Erinnerungen an die Schule für Diensthundewesen der Bundeswehr. Es gab dort viel Arbeit, aber ich lernte alles, auch wurde ich hier mit meinem großen zweibeinigen Kameraden, meinem Herrn, zusammengebracht, für den ich notfalls durchs Feuer gehen würde.

Dienstführender Ausbildungsleiter Werner N.

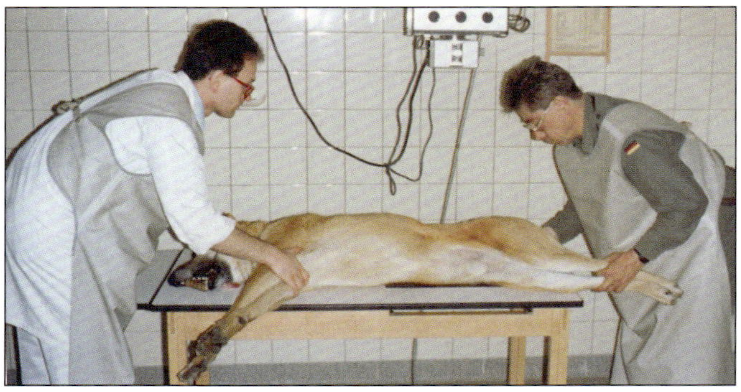

O. li.: Stabs- und Schulgebäude

O. re. o.: Hundezwingeranlagen

O. re. u.: Tierärztliche Klinik

Re., u.: Belgischer Schäferhund

Schule für Diensthundewesen der Bundeswehr, Ulmen in der Eifel

Kommandant der Diensthundeschule: Oberstveterinärin Christiane Ernst, Stellvertreter: Oberstleutnant René Rudolph

Diensthunde-wappen

Im Jahr **2005** übersiedelte die Schule für Diensthundewesen der Bundeswehr von Koblenz – Bubendorf nach Ulmen in der Eifel in die Gräfin-von-Maltzan-Kaserne. Im Kasernenbereich stehen 51 Bunker, Hausruinen, Hallen, Bahnanlagen sowie alle nur erdenklichen Ausbildungsanlagen zur Verfügung.

An der Schule erfolgt die gesamte militärische Ausbildung, Forschung und veterinärmedizinische Versorgung des gesamten Diensthundestandes der Bundeswehr.

Seit **2017** gibt es auch eine Zuchtstation für leistungsstarke Gebrauchshunde. Gezüchtet werden Deutsche und Belgische Schäferhunde sowie Labrador-Retriever.

Die Grundausbildung ist mit 14 Wochen beendet, dann beginnt die Spezialisierung, die dann bis zu 21 Wochen dauern kann. Aufgrund ihres ruhigen Wesens werden Labradore vor allem als Minensuchhunde und Therapiebegleithunde eingesetzt. Deutsche und Belgische Schäferhunde sind vielseitig einsetzbar.

Ausgebildet werden die Hunde als Objektschutzhunde, Minenspürhunde, Sprengstoff- und Rauschgiftspürhunde, Zugriffshunde, Fährtenhunde und Therapiehunde.

Wobei die Hunde bei verschiedenen Einheiten aufgrund ihrer Ausbildung eingesetzt werden:

Schutzhunde beim Bewachungspersonal, Sprengstoff-, Minen- und Kampfmittelspürhunde bei den Pioniereinheiten, Rauschgift- und Sprengstoffspürhunde bei der Feldjägertruppe, Zugriffshunde bei den Spezialkräften.

In der Diensthundeschule sind 20 ausgebildete Therapiehunde, Labradore und Schäferhunde zur Betreuung bei Kranken eingesetzt.

An der Schule gibt es eine Klinik mit Operationssälen, Behandlungsräumen und Röntgengeräten sowie eine eigene Apotheke. Behandelt werden alle Diensthunde sowie die ausgemusterten Hunde, die ihr Gnadenbrot an der Schule haben.

Angekaufte Hunde kommen zuerst in eine Quarantänestation, erst nach umfangreichen Untersuchungen kommen sie in den allgemeinen Bereich.

Die Bundeswehr hat derzeit circa 300 Diensthunde in Deutschland sowie in Afghanistan, Kosovo und Mali im Einsatz.

DIENSTHUNDEFORSCHUNG – DIENSTHUNDEENTWICKLUNG

Die Ausbildung und der Einsatz von Diensthunden unterliegen dem Wandel der Zeit.

Die Einsatzmöglichkeiten eines Diensthundes sind noch immer nicht ausgeschöpft. Insbesondere die Fähigkeit der Hundenase und die Möglichkeiten polizeilicher Ausnutzung der Sinnesleistung der Hunde sind noch nicht voll erforscht. So ist es Aufgabe der Schulen, Ausbildungsprogramme, Techniken und Methoden für den Ausbildungs- und Einsatzbereich zu erforschen und weiterzuentwickeln. Die Ausbildung erfolgt auch für Sonderaufgaben im Einzelfall.

Hundeführerin

XIV. Historischer Rückblick

Kriegshunde

Der Kriegshund als Kampfgenosse ist uralt. Schon die Gallier hatten Kampfhunde mit eigenen Rüstungen eingesetzt. Die Römer züchteten Hunde und richteten sie für militärische Zwecke ab, nachdem sie bei anderen Volksstämmen auf Hunde als Angreifer und Verteidiger gestoßen waren. Bereits sehr früh werden gepanzerte Kampfhunde von den Engländern verwendet. So soll Heinrich von England seinen Soldaten zugerufen haben: **ICH HOFFE, IHR WERDET EBENSO TAPFER SEIN WIE EURE HUNDE!**

Die Spanier hatten Hunde zur Niederzwingung der Eingeborenen auf Kuba und St. Domingo eingesetzt. Beim Angriff auf die feindliche Reiterei versah man Hunde mit Panzern, die scharfe Stacheln und Sicheln trugen.

Auch die Franzosen setzten in ihren Kolonien Hunde gegen die Eingeborenen ein. Napoleon I. hatte immer mehrere Hunde bei seinen zahlreichen Feldzügen mitgeführt.
Holländer, Schweizer, Türken, Österreicher, die Aufzählung der Länder, die Hunde eingesetzt hatten, ließe sich beliebig lange fortsetzen.

1904 waren es die Russen, die erstmals im Krieg gegen die Japaner abgerichtete Hunde zum Aufsuchen versteckt liegender Verwundeter mit Erfolg einsetzten.

1910 wurden in mehr als 600 deutschen Städten Polizeihunde eingesetzt, diesem Beispiel folgten bald Österreich-Ungarn und Italien. Aber die britische Polizei war es, die die Ausbildungsmethoden begründete.

Die amerikanische Polizei führte **1907** Polizeihunde ein, die Idee fand aber bei der Bevölkerung keinen Anklang.

Bei den Franzosen waren 20.000 Hunde im Einsatz, von welchen zirka 15.000 Hunde überlebten. Belgien und Frankreich verliehen an das amerikanische Expeditionsheer Hunde zum Verwundetentransport.

Von den anderen kriegsführenden Nationen konnten keine diesbezüglichen Zahlen in Erfahrung gebracht werden.

ERSTER WELTKRIEG

Es werden vermutlich die wenigsten Menschen wissen, dass im I. Weltkrieg 30.000 Hunde bei den österreichischen und deutschen Truppen im Einsatz waren, von welchen ein Großteil ihr Leben für die Rettung von Menschenleben hingegeben hat.

Bei den deutschen Truppen waren Kriegshunde vorerst nur bei den Jägerbataillonen in Dienst gestellt und wurden nach einer eigens dafür bestimmten Dienstvorschrift abgerichtet, die sich im Allgemeinen mit der des Polizeihundes deckte. Mit der Dauer des Krieges, als die Feldschlachten immer seltener wurden und der Stellungskampf mit seinen Schützengräben in den Vordergrund trat, konnte der Hund durch seine Aufmerksamkeit und unbestechliche Wachsamkeit wertvolle Dienste leisten, sodass fortlaufend Hunde von der deutschen Heeresverwaltung angefordert wurden. Nebenbei wurden Hunde noch zur Beseitigung der Rattenvermehrung in den Schützengräben der Westfront eingesetzt. So hat der Hund in einer Menge von Fällen während des Krieges gezeigt und bewiesen, dass er wertvolle Dienste leisten konnte.

1916, nach Ausbruch des Ersten Weltkrieges, wurden der Heeresverwaltung 3.200 ausgebildete Sanitätshunde zur Verfügung gestellt. Eingesetzt waren:

MELDEHUNDE

Meldehunde legten in Friedenszeiten einen Meldegang von 4 km Länge in 7 Minuten zurück. Je nach Wetter und Kampfgeschehen in 3 bis 7 Minuten, im starken Artilleriefeuer benötigten sie 12 bis 14 Minuten. Diese Vorfahren hatten die meisten Erfolge, aber leider auch die meisten Verluste.

Li.: Ärztliche Musterung der Hunde

Re.: Ziehhunde

(Beide: Archiv Koppitsch)

POSTENHUNDE

Zum Schutz der Wachposten durften die Hunde nicht bellen, sondern nur knurren und beißen. In den kleinen befestigten Grenzposten an der unruhigen österreichischen Grenze in Bosnien und der Herzegowina hatte man landeseigene Schäferhunde eingestellt.

ZIEHHUNDE

Ziehhunde wurden von den österreichischen Truppen als Pferdeersatz auf fast allen Kriegsschauplätzen eingesetzt. Dabei handelte es sich um Hunde aller größeren Rassen, die sich sehr bewährten.

Als Futter bekamen die Hunde die gleichen Mahlzeiten wie ihre Führer und auch für die tierärztliche Betreuung war gesorgt. Sie wurden von den Veterinärkompanien durchgefüttert.

Diese im Krieg eingesetzten Hunde waren dem Heer teils als Stiftung, teils unter Vorbehalt der Rückgabe bei Kriegsende, sollten sie noch am Leben sein, übergeben worden.

ZWEITER WELTKRIEG

In diesem furchtbarsten Krieg aller Zeiten mit seinen Millionen Menschenverlusten (ca. 55.000.000) hat auch unser treuester Begleiter wieder sein Leben für uns Menschen eingesetzt.

Im 2. Weltkrieg gab es große Verluste. Von insgesamt 40.000 eingesetzten Hunden sind 25.000 vor dem Feind geblieben.

Insgesamt waren bei den Alliierten und den Achsenmächten (Deutsche, Japaner, Italiener) 250.000 Hunde eingesetzt.

Die Amerikaner hatten 9.298 Wachhunde und 595 Streifenhunde (Stöberhunde) eingesetzt.

Die Franzosen hatten hauptsächlich Streifenhunde (Stöberhunde) eingesetzt

Von der sowjetischen Armee wurden 50.000 Militärhunde zur Auffindung von Verwundeten, zum Transport von Verwundeten, Waffen, Munition und Verpflegung sowie als Kamikazehunde abgerichtet, die hauptsächlich zur Panzerbekämpfung eingesetzt wurden.

Sowjetischer Sprengstoffhund mit Kickzünder und 3 kg Sprengladung

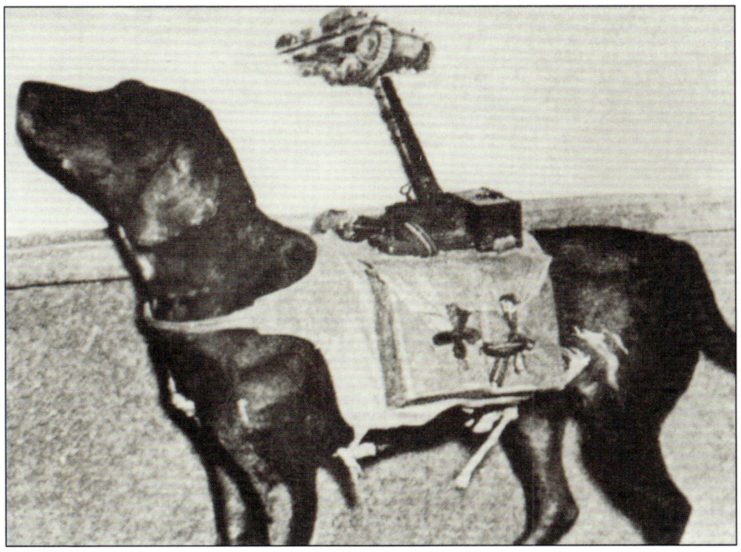

Diese Kamikazehunde wurden in einem ständigen Hungerzustand gehalten. Die ausschließliche Futterstelle war unter einem Panzer mit laufendem Motor. Beim Einsatz wurde dem Hund ein Geschirr mit einer 3 bis 4 Kilogramm schweren Haftladung auf den Rücken geschnallt. Sah der Hund einen Panzer, lief er automatisch zu dieser Futterstelle.

Die Haftladung hatte einen Knickzünder, der abbrach und die

Mine zur Detonation brachte, wenn der Hund unter den Panzer kroch. Dass es für diese armen Tiere keine Rückkehr gab, ist selbstverständlich.

Hunde wurden aber auch zum Aufspüren von Feinden, Minen und Sprengstoff eingesetzt sowie zum Auffinden von sicheren Wegen durch Minenfelder. Als die Russen ihre Gegenoffensive begannen, verwendeten sie sehr viele Hunde zum Aufspüren von Minen, die die Deutschen beim Rückzug in Dörfern und Städten verlegt hatten. Zehntausende von Minen und Bombenblindgängern wurden von Hunden in ehemals besetzten Städten wie Kursk, Orel, Krakau, Belgrad, Budapest und Wien gefunden.

Auch deutsche Wehrmachtshunde sollen am Anfang des Krieges als Vorhut in Minenfelder getrieben worden sein, um sie zur Explosion zu bringen und Menschenleben zu sparen. Es blieb aber nur bei einigen Versuchen, da man erkannte, dass erstens die Hunde zu leicht waren, um die Minen zur Explosion zu bringen, und zweitens die Hunde doch zu wertvoll waren. Auch hatte man bei Versuchen festgestellt, dass Schäferhunde auch abgerichtet werden konnten, um feindliche Minen aufzuspüren, was die Hunde auch tatsächlich hervorragend bewältigten. Es waren die Vorgänger unserer heutigen Sprengstoffsuchhunde.

Berichte über Hundeeinsätze konnten nur bei den Gebirgsjäger- und den Waffen-SS-Einheiten in Erfahrung gebracht werden.

Im Jahr 1942 wurde eine Verordnung erlassen, dass alle brauchbaren Hunde dem Militär zur Verfügung gestellt werden müssen.

Die Hunde wurden von einer Musterungskommission überprüft, dann entweder als TAUGLICH oder NICHT TAUGLICH gemustert.

Die Besitzer mussten mit ihren Hunden bei der Musterung in einem Kreis mit entsprechendem Abstand marschieren, dann aber wurde geschossen, und Heulpatronen wurden gezündet, das sollte Artilleriefeuer vortäuschen. Nebelgranaten wurden geworfen. Einige Hunde haben sich vor Schreck hingelegt, die anderen haben gezittert und die ganz mutigen wollten den Vordermann beißen – aber alle hatten Maulkörbe um. Viele der Besitzer waren nicht Herr der Lage, konnten ihre Tiere nicht mehr halten und fielen hin, sodass ein heilloses Durcheinander entstand.

Die Besitzer der tauglichen Hunde erhielten den Einberufungsbefehl und dann wurden die Hunde vom Militär abgeholt.

Und wieder setzten Hunde ihr Leben für die Menschen ein: Bei der **1. Gebirgsdivision, Gebirgsjäger-Regiment Nr. 98,** 5. Kompanie, Nachrichtenzug, wie sich Willi Hertlein erinnert:

1938, als ich dort einrückte, bestand bereits eine Meldehundestaffel. Einmal wollte nun ein Hundeführer auf Urlaub fahren, so meldete ich mich freiwillig, seinen Hund in dieser Zeit zu betreuen. Er wies mich in den Dienst genau ein und legte mir dabei seinen Moritz besonders ans Herz. Dieser sei ein ganz lieber Kerl, aber auch ein großes Schlitzohr. Nun, die Folgen waren dann auch trotz Ermahnung nicht gering. Bereits nach einigen Tagen musste die ganze Kasernenbelegschaft in der näheren Umgebung den Moritz suchen.

Beim **Frankreichfeldzug 1940** war auch die Meldehundestaffel eingesetzt. Dabei ist der Meldehund Tasso in Ausübung seines Dienstes auf einem Meldegang erschossen worden. Für seinen Hundeführer ist er gefallen wie ein guter Kamerad.

Eine Hundestaffel war auch bei der **3. Gebirgsdivision** in Russland an der Minus-Front für Meldegänge dem Regimentsstab 138 zugeteilt. In der Ladoga-Schlacht waren wieder Meldehunde in vorderster Front im Einsatz. Diese Hunde waren so abgerichtet, dass sie, wenn ihnen im Schützengrabensystem jemand entgegenkam, sofort aus dem Graben sprangen, und wenn man vorbei war, sprangen sie wieder in den Graben zurück.

Ein Gefechtsbericht der **1. Gebirgsdivision, Gebirgspionier-Bataillon 54,** aus dem Jahr 1941: Auf russischer Seite wurden gegen deutsche Panzerfahrzeuge Minenhunde eingesetzt. Daraufhin wurden in der Armee-Pionier-Schule Tolmatschewo über diese Hunde Vorträge gehalten:

Aber die Russen setzten auch Meldehunde ein. Im Frühjahr 1942 verlief sich ein ausgehungerter russischer Meldehund zu den deutschen Linien. Er trug noch die Meldung und das Kartenmaterial bei sich. Hauptmann Hofmann behielt den Hund bei sich. Der Hund musste erst umlernen, bis er Deutsch verstand. Die Soldaten freuten sich, dass sie nun einen Begleiter für den Wachdienst hätten, aber weit gefehlt, für den Hund war nur Hauptmann Hofmann sein Retter und seine Bezugsperson und er vertraute sich keinem Fremden an.

Li.: Gebirgsjäger Freudendorfer mit Meldehund Illi

Re.: Hundestaffel eines Gebirgsjäger-Nachrichtenzuges

Li., u. li.: Bunkerbau für die Hunde der Meldestaffel

U. re.: Hundeküche

In Berlin gab es die Lehr- und Versuchsabteilung des Diensthundewesens der Polizei und Waffen-SS – ab Herbst 1942: „Feldhundeschule der Waffen-SS".

1940 betrug der Stand an Hunden der Rassen Deutsche Schäfer, Altdeutsche Schäfer, Schäfermischling, Rottweiler, Riesenschnauzer, Earydaleterrier, Boxer und Deutsche Dogge, insgesamt 600 Tiere zu folgender Verwendung:

1. Schutzhund, 2. Suchhund und Fährtenhund, 3. Meldehund, 4. Zieh- und Schlittenhund, 5. Wachhund.

Johann Wels war einer jener Ausbildner und instruierte die Männer, ihre Hunde nach seinen Anweisungen selbst abzurichten. Die Auslese der Hunde nahmen in diesem Beruf erfahrene Abrichter vor.

Die **Schutzhunde** wurden auch in der Fährtenarbeit ausgebildet. Angriffe auf den Mann, der immer eine russische Uniform trug und natürlich den Hetzärmel hatte. Die besten Hunde bekamen am Halsband ein Lederstück (Bringsel) umgehängt, und bei Witterung eines Russen machten sie kehrt und kamen mit dem Lederstück im Fang zurück. Dann hieß es: Spähtrupp halt, ausschwärmen und Feind stellen. Diese Hunde überstanden die Einsätze leichter. Normale Schutzhunde greifen nach dem Aufspüren des Feindes diesen sofort an: Der Spähtrupp wurde dadurch gewarnt, aber viele Hunde mussten dabei ihr Leben lassen.

Bei den **Meldehunden** wurden hauptsächlich nicht allzu große Tiere verwendet, da diese nur Nachrichten zu überbringen und dabei nicht aufzufallen hatten. Der Sinn der Meldehunde bestand darin, Meldungen von der vordersten Linie zu den Gefechtsständen und umgekehrt zu bringen. Dazu hatten sie eine Kapsel am Halsband befestigt, in der die Meldung verstaut wurde, die dann im Gefechtsstand nur ein Meldehundeführer herausnehmen konnte.

Bei den Spähtruppunternehmen lief der Hund nach dem Geruch einer Flüssigkeit, die der Meldehundeführer aus einer umgehängten Tropfkanne vergoss. Meldehundeführer waren bereits seit 1942 bei den verschiedensten Einheiten im Einsatz und hatten ihre Bewährungsprobe schon hinter sich.

Als **Ziehhunde** wurden große, kräftige Tiere fast aller Rassen, aber vor allem Deutsche Schäfer und Schäfermischlinge, verwendet, da sich diese Tiere am besten bewährten. Nach der Ausbildung gingen dann Mann und Hund zum Fronteinsatz. Bewährt haben sich diese Hunde alle und so wurden in den letzten Kriegsjahren Späh- und Stoßtrupps sowie Jagdkommandos nur mehr mit den entsprechenden Hunden durchgeführt.

Einsatzbericht über einen Schutzhundeeinsatz: Auf einem vorgeschobenen Stützpunkt eines Schützenbataillons musste ein Spähtrupp zusammengestellt werden, da die Meldeverbindung nach hinten unterbrochen war. Der Hundeführer mit dem **Schutzhund Alex** marschierte an der Spitze. Nach einiger Zeit wurde Alex unruhig und lief nach vorne in eine Gebüschgruppe, als plötzlich ein Schuss krachte und der Spähtrupp sofort in Deckung ging. Man schwärmte aus und ging langsam vor, da fand man Alex erschossen auf. Von den Russen war nichts mehr zu sehen, die hatte bereits der Urwald geschluckt.

Der Spähtrupp wäre mit Sicherheit in diese Falle gegangen, aus der es keine Rettung mehr gegeben hätte. So hatte Alex mit seinem Leben das der Männer gerettet.

Am Stützpunkt angekommen, waren alle sehr traurig über das Schicksal des treuen Alex, der bei allen Spähtrupps dabei gewesen war. Spontan ordnete der Stützpunktkommandant eine Beerdigung mit militärischen Ehren an. Auf einer Mundharmonika spielte ein Hundeführer das Lied vom guten Kameraden, während eine Ehrensalve geschossen wurde. Und keiner dieser harten Karelienkämpfer schämte sich seiner Tränen.

Heinz Hochberger hatte in Orscha bei der Skijäger-Division erfahren, dass jene, die sich als Hundeführer melden, in die Heimat zur Ausbildung kämen. Da war er natürlich dabei. Es ging nach Schwabach bei Nürnberg zur Hundestaffel, wo von 25. September bis 4. Dezember 1943 die Ausbildung stattfand. Da er ja sowieso in Beziehungen zu Hunden stand, als Jäger hatte er zwei Münsterländer, einen Irish Setter und er war auch mit Hunden aufgewachsen, fiel ihm die Ausbildung nicht allzu schwer.

In Schwabach angekommen, erhielt jeder Soldat zwei Hunde zugewiesen, und da sie der Meinung waren, es seien Meldehunde, waren sie restlos enttäuscht, als es hieß, es seien Ziehhunde für Ackjas (Rettungsschlitten) auszubilden.

Aber sie waren froh, wieder in der Heimat zu sein. Hochberger bekam zwei sehr schöne Schäferhunde, es gab aber auch Neufundländer und Altdeutsche Schäferhunde. Die erste Aufgabe bestand darin, sich mit den Hunden anzufreunden und vertraut zu machen, daher musste jeder seine Hunde füttern. Bei den Hunden von

Hochberger handelte es sich um eingezogene Tiere aus Privatbesitz, Rolf war bereits als Schutzhund ausgebildet und kam von einem Polizeimeister aus Karlbad. Lord war von einem Metzgermeister aus Schwabach und lernte auch sehr schnell. Dann begannen die Unterordnungsübungen und nach einer Woche wurden die Hunde in eine Art Karrette mit Stahlbügel, erst nebeneinander und später hintereinander, eingespannt. Sie waren überrascht, als dies ohne Schwierigkeiten ging. Schwieriger war es schon, von nebeneinander auf hintereinander umzuspannen. Zum Schluss der Ausbildung machte es den Hunden offensichtlich derartigen Spaß, dass sie zum Teil selbst in das Geschirr krochen. Also war das Ziehen keine Quälerei, wie viele Zivilisten glaubten, die uns oft zusahen, sondern vermutlich mehr Spiel.

Der Ausbildner, ein Feldwebel mit sehr viel Hundeverstand, sagte, dass alle Säugetiere gern ziehen und es nicht als Strafe auffassen. Seine Worte waren immer: „Versucht euch in das Wesen des Hundes zu versetzen; was für einen Menschen ein Tisch, ist für den Hund ein Haus! Wenn man so denkt, kann man nichts falsch machen."

Nach der Ausbildung bekamen die Hunde Ackjas und ein Gestänge aus gebogenem Bambus mit Lederriemen. Da in Schwabing kein Schnee lag, konnten sie diese Geräte nicht ausprobieren und wurden mit den Ackjas im Dezember 1943 in Viehwaggons nach Minsk geschickt. In Minsk lag Schnee und so konnten die Hunde an den Ackjas ausgebildet werden. Ein großer Mist war das dünne gebogene Bambusgestänge, das bei jeder ungünstigen Haltung zerbrach. Noch gab es Ersatzteile, aber im Einsatz war das ein Problem.

Hundeführer Rossmann mit Schutzhund beide gefallen

Im Jänner Einsatz in den Pribjet-Sümpfen beim **1. Regiment, 1. Bataillon, Hauptmann Heergans,** er war mehrfacher deutscher Meister in der nordischen Kombination. Es gab keine richtige Hauptkampflinie, sondern nur alle 2 bis 3 km Stützpunkte mit Norweger- oder Finnenzelten, in denen jeweils circa zehn Mann hausten. Diese Stützpunkte wurden von den Hunden, die Gefallene oder Verwundete zurückbringen mussten, mit Essen und Munition versorgt. Als einmal ein Verwundeter vor Schmerzen schrie, wollten die Hunde nicht ziehen und haben nur zurück auf den Ackja geblickt. Erst als der Hundeführer mit den Skiern vorausfuhr, folgten sie ihm. In den Pribjet-Sümpfen wuchsen fast nur Birken, und es war oft sehr schwierig, den richtigen Weg zu finden. Da haben sich die schmalen Ackjas sehr bewährt. Bei dieser Kurverei brachen dann oft die Bambusgestänge und mussten mit einem Holzstück oder Leukoplast repariert werden. Zum Schluss bestanden die Gestänge fast nur noch aus Leukoplast – aber dann hielten sie auch. Auch ein Beweis dafür, dass vieles an die Front geschickt wurde, ohne dass man sich darüber Gedanken machte. Leukoplast gab es ja Gott sei Dank auf jedem Hauptverbandsplatz. Ein großes Problem war auch das Futter für meine Vorfahren. Sie bekamen meistens dasselbe wie die Hundeführer. Einmal gab es nur saure Gurken mit Brot. Was sollte man da machen? Die Hunde schauten einander verwundert an und fraßen dann doch, denn sie hatten ja den gleichen Hunger wie jeder Soldat.

Bei der Rückfahrt von der Front hatte ihr Herrl im Birkenwäldchen eine Wildkatze geschossen, um diese gekocht an die Hunde zu verfüttern. Er legte das Tier auf den Ackja und wollte fahren, da machte der Leithund kehrt, zerbrach dabei wieder einmal das Gestänge und schnappte sich die Katze. Nachdem es dem Führer gelungen war, ihm die Beute zu entreißen, band er sich die Katze auf den Rücken und fuhr mit den Skiern los. So schnell konnte er gar nicht fahren, wie die Hunde hinter ihm her waren und nach der Katze schnappten. Am Abend wurde die Katze abgezogen, gekocht und verfüttert. Auch das Herrl kostete davon und stellte fest, dass Katzenfleisch bei Hunger fast wie Kaninchen schmeckt.

Die Hunde konnten – so berichtet die Chronik – sehr traurig sein, wenn ihre Bezugsperson bös war oder schimpfte. Sie konnten nicht sprechen, aber jeder Hundeführer hatte das Empfinden, die Tiere zu verstehen, denn sie waren ja täglich und jede Stunde zusammen. Es ist erstaunlich, welchen Naturinstinkt die Tiere unter Einfluss des Menschen entwickeln. An einem größeren Stoßtrupp, der vom Regiments-Kommandeur Oberst Weiler geleitet wurde, nahm ein Schäferhund mit einigen anderen Gespannen teil, um eventuell Verwundete zu bergen und Munition zu transportieren. Auch bei kleineren Spähtruppunternehmen waren Hunde dabei. Für sie hatte man am Stützpunkt kleine Erdbunker gebaut, mit Balken überdeckt und mit Stroh und Schilf ausgepolstert. Nur wenn es zu kalt wurde, durften sie mit in die Zelte genommen werden, denn sie wärmten auch ganz schön.

Als dann im März 1944 das große Tauwetter kam, haben sich die Ackjas nochmals bewährt, denn sie schwammen wie Boote, obwohl meine Artgenossen oft bis zum Bauch im Wasser standen. Ende März 1944 mussten sie wegen des Tauwetters die Pribjet-Sümpfe verlassen und zogen nach Minsk in Waldlager. Von der Organisation Todt wurden für je zwei Hunde Zwinger gebaut, der Trockenkurs weitergeführt.

Am 30. Juni 1944 brach im Mittelabschnitt die Front zusammen und so musste das Waldlager verlassen werden. Die Ackjas blieben zurück. Ein Teil der Staffel wurde von einem Luftwaffenzug auf der Flucht bis Wilna mitgenommen, dort mussten sie sich auf der Frontleitstelle melden und bekamen wieder einen Marschbefehl für 3 Mann = 1 Mann und 2 Hunde, denn Hunde zählten damals als Soldaten. In Königsberg bekamen sie einen Stempel und die Verpflegung für drei Mann. Als Frontkämpfer im Infanterieverband erhielten sie zusätzlich 3 Flaschen Sekt, Zigaretten, 1 Schachtel Schokolade, Kekse und 3 Packungen Präservative. Der Zahlmeister und Fourier konnte ja nicht wissen, dass die anderen zwei Soldaten Hunde waren. Der Hundeführer sagte natürlich nichts, sondern packte schnell ein.

Im Soldatenheim gab es auch für die Hunde Erbsensuppe. Es kam eine Krankenschwester und fragte den Soldaten, ob sie ihm etwas für die Hunde mitgeben darf. Er sagte natürlich ja. Sie brachte ihm 3 kg Margarine und 10 kg Haferflocken. Er wusste gar nicht, wie groß so ein Sack ist. Alles in den Rucksack und die Haferflokken oben darauf. Nun standen sie am Bahnsteig, der Zug lief ein. Die Hunde voran, bekamen sie ein ganzes Abteil, aber nicht lange. Ein ganz mutiger Landser fragte, ob mein Ahne und sein Kollege beißen würden, was verneint wurde, da sie die Maulkörbe nur so um den Hals gehängt hatten, was natürlich böse aussah. Während der Fahrt brauchten sie nicht gefüttert zu werden, denn jeder gab ihnen von seiner Ration. Da sie über Dresden nach Schwabach fuhren, lag es nahe, in Bodenbach umzusteigen, aber das ging nicht, da stand Feldgendarmerie.

Der Onkel des Hundeführers war bei der Reichsbahn in Bodenbuch, hatte aber leider keinen Dienst und so gelangten sie durch das Dienstzimmer eines Bekannten ins Freie. Von Bodenbach nach Bünnvisburg waren dann noch 4 Kilometer zu wandern. Die Eltern des Hundeführers wussten schon, dass er mit seinen vierbeinigen Kameraden käme. Es war ein großes Wiedersehen, nur meine Artgenossen schauten misstrauisch zu.

Ergänzend muss noch erwähnt werden, dass alle Hundeführer, die nicht mit dem Luftwaffenzug mitkamen, nach Wilna zu Fuß laufen mussten und drei Tage später als meine Vorfahren dort ankamen. Als sie sich dann in der Nähe des Friedhofes zum Schlafen niederlegten, wurden während eines Partisanenüberfalles in der Nacht zwölf Mann und alle Hunde erschossen.

Dieser eigenwillige Hundeführer war bereits vier Tage „schwarz" zu Hause, als der Dorfpolizist kam und – während seine Vierbeiner lauernd daneben lagen und ihm das Herz in die Hose fiel – ihn freundlich begrüßte. „Ach, Herr Hochberger, ich habe gehört, Sie haben Urlaub und zwei so schöne Hunde mitgebracht, darf ich sie mir ansehen? Sie wissen ja, ich habe auch einen Schäferhund, sind Ihre denn wirklich ausgebildet?" „Ja", stotterte der Hundeführer, „ja, als Ziehhunde." Zum Schluss sagte er Herr Nacht, so hieß der Dorfpolizist, noch blödsinnigerweise, dass er keinen Urlaub habe und schon vier Tage „schwarz" zu Hause sei.

Der Dorfpolizist – wurde erzählt – begann ebenfalls zu stottern: „Um Himmels willen, ich bin nicht hier

O., li.: Ziehhundeführer Heinz Hochberger mit seinen beiden Schäferhunden

Unten: Der Transportkarren mit 3 Hunden nebeneinander hat sich nicht bewährt

Im Winter das beste Transportmittel – der Akia

gewesen." Ehe er blitzartig verschwand, bat er diesen Zwei- mit seinen Vierbeinern noch eindringlich, sofort abzureisen – was am fünften Tag sehr früh geschah.

Gegen Mittag kamen sie dann in Schwabach als erstes von zehn Hundeteams an. Einer hatte es sogar geschafft, nach Bozen zu fahren, aber den sperrten sie zehn Tage ein. In Schwabach wurden Mann und Hund vier Wochen Ruhe gegönnt. Dann, am 29. August, kam der Marschbefehl an die Front.

Die Ausbildung der Hunde erfolgte nicht nur in Schwabach, sondern auch in München, Berlin, Stagloch, Salzburg und Wien.

Gebirgsjäger-Regiment 100, II. Bataillon, 6. Kompanie. Gegen Ende der Monte-Cassino-Kämpfe in Italien, Anfang 1944, bekam Siegfried Ölschlegl den ausgebildeten italienischen Meldehund Maretto zugeteilt, darüber schrieb er: Mein Kamerad Gottfried Eder aus Bischofswiesen bekam den zweiten, einen schönen Deutschen Schäferhund. Die Hunde bekamen, typisch für den Barras (das Militär), die gleichen Rationen wie jeder Gebirgsjäger zugeteilt. Mir war mein Hund Maretto sehr ans Herz gewachsen, weil er mir mit seinem Instinkt einmal buchstäblich das Leben gerettet hat. Als wir beide in dem mörderischen Trommelfeuer am Monte Cassino in einem Granattrichter Deckung suchten, da hielt er es nach zehn Minuten nicht mehr aus, riss sich mit einer Wucht von meiner Hand los und sprang in den Trichter nebenan. Natürlich hechtete ich dem Hund nach, und schon hatte in dem Loch, das ich eben verlassen hatte, ein Granatvolltreffer eingeschlagen. Auch sonst war Maretto viel wert, denn wenn ich Obergefreiter nachts Posten stehen musste, konnte ich seelenruhig auch mal ein Schläfchen riskieren, ohne deswegen bei einem Wachvergehen erwischt zu werden, denn sobald in zehn Meter Entfernung jemand vorbeiging oder sich näherte, hat der Hund mich immer leise mit seiner Nasenspitze geweckt. Später, auf dem Rückzug vom Monte Cassino, als wir uns im Bahnhofsgebäude von Capistretto nach einem Nachtmarsch hundemüde zum Schlafen legten, wurden wir mit gezielten schweren Fliegerbomben belegt. Wahrscheinlich hatten Partisanen die Flieger herbeigeholt.

Ich habe das dort so ziemlich als Einziger überlebt. Meinen Hund Maretto habe ich aber nie mehr wiedergesehen, obwohl ich noch zwei Tage dortblieb und fünf tote Kameraden begrub, die frei herumlagen.

Im Mai 1942 wurde in Goslar im März eine Meldehundestaffel aufgestellt, zu der sich **Fritz Chalupa,** seiner großen Tierliebe wegen und weil er sich gerne mit Hunden beschäftigte, von seiner Einheit versetzen ließ.

Von Goslar kam die Staffel nach Salzburg, wo ich und ein Kamerad aus Wien unsere zwei Meldehunde bekamen. Das Meldehundewesen funktionierte so, dass zwei Hunde nur ihren zwei Hundeführern gehorchten und auch nur zwischen diesen beiden verkehrten und auf sonst niemand reagieren durften. So befand sich meistens ein Hundeführer in der vordersten Linie und der andere im Gefechtsstand und nur dieser durfte die Meldekapsel öffnen. Nach der Ausbildung wurde die Staffel nach Finnland, Karelien, in den Raum Kiestinki verlegt. Dort befand sich auch der Standort der Feldhundestaffel. Die verschiedensten Einheiten forderten von hier die Hunde an, so im Juli 1942.

Das **7. Gebirgsjäger-Regiment** forderte eine Meldehundestaffel an, um die Verbindung von der Hauptkampflinie zum Regimentsgefechtsstand herzustellen. Das Gelände dazwischen war sehr einsehbar und es mussten zwei Melder ihr Leben lassen. So fiel die Wahl auf mich, mit den beiden Meldehunden nach vorn in die Hauptkampflinie zu gehen. Mein Kamerad blieb beim Regimentsgefechtsstand. Bald darauf erfolgten Einsätze der Hunde, Meldungen des Kompanieführers über Feindberührungen und dergleichen. Die Meldung wurde von mir in die Meldekapsel, die der Hund um den Hals trug, hineingegeben, und auf das Kommando „Meldung" lief der Hund nach Ortsgedächtnis zurück zum Regimentsgefechtsstand zu meinem Kameraden. So erfolgten viele Einsätze bis zum 6. März des Jahres 1944.

Auf einer weit vorgeschobenen Feldwache – Schapkoserrto – lagen 48 Mann. Eines Nachts hatte sich der Feind bis kurz vor unsere Minengassen vorgearbeitet, ohne dass er von den Posten bemerkt worden wäre. Plötzlich ein Feuerüberfall, der Feind arbeitete mit Flammenwerfern. Wir mussten uns heftig wehren und hatten bereits vier Tote und fünf Verwundete. Lange konnten wir uns nicht mehr halten. Selbst voll im Einsatz, setzte ich die Meldung um Verstärkung ab und ließ beide Hunde zum Kompaniegefechtsstand laufen. Nach zwei Stunden traf ein kleiner Stoßtrupp ein und es ging dann noch etliche Stunden weiter, bis endlich Kampfruhe eintrat. Mein Kamerad kam mit beiden Hunden vom Kompaniegefechtsstand nach vorne und löste mich ab. Mit einem Hund, einigen Verwundeten und 23 Gefangenen kam ich zum Gefechtsstand zurück und stellte wieder die Verbindung zur Feldwache her. Der Stützpunkt wurde noch bis zum Zusammenbruch der Karelienfront gehalten. Es folgten dann die Absetzbewegungen mit Feindberührung; wobei noch einige Meldehundeführer und Hunde ihr Leben lassen mussten.

Da beim Militär fast alles möglich ist, wurde ich, **Horst Schlicht,** Schutzhundeführer. Ich erinnere mich:

Von der Genesenden Kompanie zur Feldhundestaffel, es war 1943 im Monat Februar. Bei der Befehlsausgabe verlas der Spieß 20 Mann, bei denen auch ich dabei war. Wir mussten vortreten und uns wurde mitgeteilt, dass wir zu einer neuen Division kommen würden. Keiner wusste, was los war. Es ging nach Trautenau im Rie-

Li.: Nachschub für die Hundestaffeln Finnland

U.: Hundestaffel in Finnland

Hundestaffel in Karelien

U. li.: Meldehundeführer mit Meldehund Rolf

U. re.: Hundeführer mit Meldehunden

sengebirge, wo wir neu eingekleidet wurden. Dort haben wir dann erst erfahren, wohin es gehen sollte, und zwar wurde uns gesagt, dass wir in Oranienburg bei Berlin an einem Hundelehrgang teilzunehmen hätten. Nach Beendigung des Lehrganges sollten wir wieder nach Finnland an die Front zurückkehren, da wir ja alte Karelien-Kämpfer waren.

Nach unserer Ankunft in Oranienburg wurde uns eine Baracke als Unterkunft zugeteilt. Am nächsten Tag wurden wir eingeteilt und zwar als Schutzhundeführer, Meldehundeführer, Zieh- und Schlittenhundeführer.

Ich wurde Schutzhundeführer. Jetzt begann die eigentliche Arbeit mit den Hunden und zwar: Gehorsam, Fährtenarbeit, Mannarbeit und Schussgleichgültigkeit. Der Lehrgang dauerte acht Wochen. Nach Beendigung mussten wir eine Prüfung ablegen, die wir alle mit Auszeichnung bestanden. Wir waren jetzt voll ausgebildete Hundeführer. Weil der Lehrgang so gut war, wurden wir mit vier Tagen Sonderurlaub belohnt. Nach der Rückkehr machten wir uns fertig zur Verladung Richtung Finnland.

Alles, was die Hundestaffel – die Hunde und wir 30 Mann – an Material benötigte, wurde in Oranienburg verladen. Von hier aus ging es mit der Eisenbahn über Berlin nach Danzig, Neu-Fahrwasser, von dort per Schiff nach Finnland. Standort Kiestinki, Nachrichtenabteilung. Dort angekommen, begann sofort ein jeder einen Bunker und eine Hundehütte zu bauen, denn im Winter wollte ein jeder ein Dach über dem Kopf haben. Noch während des Bunkerbaus kam der erste Befehl: „Drei Schutzhundeführer zur Aufklärungsabteilung!" Als wir dort mit unseren Hunden ankamen, lachten alle und fragten uns: „Was wollt ihr mit euren Hunden hier?" Ich sagte: „Wartet nur ab." Dann kam ein Kamerad zu uns, der seinen Geldbeutel verloren hatte, und fragte, ob vielleicht ein Hund ihn finden würde. Fährtenhund Osswin wurde auf die Fährte geschickt. Nach kurzer Zeit kehrte er mit dem Geldbeutel im Fang zurück. Nun staunten alle Kameraden und wir drei Hundeführer stiegen im Prestige.

Dann kam ein Partisaneneinsatz. Nach kurzem Suchen fanden die Hunde die Partisanen. Sie waren in einer Höhle in der Erde versteckt, die mit Moos abgedeckt war. Ein Mensch hätte dieses Versteck nie gefunden. Die Partisanen wurden von einem Finnen angeführt: Der erste Einsatz war von einem schönen Erfolg gekrönt, und wir kehrten wieder zur Staffel zurück. Weitere Einsätze folgten.

Zum Schützenbataillon Benner. Mit drei Schutzhunden wurden wir nach Sennesero in Marsch gesetzt. Sennesero war der Hauptstützpunkt. Ein Hundeführer blieb hier, einer kam auf den Nebenstützpunkt Schapkoseero. Ich kam auf den Nebenstützpunkt Mendewara. So hatte jeder Stützpunkt nun einen Schutzhundeführer.

Mendewara, unser Stützpunkt, war mit 40 Mann besetzt, gut ausgebaut und mit MG und Granatwerfern bestückt. Von hier aus wurden täglich Spähtrupps gelaufen. Einmal bekamen wir Besuch von einem Jagdkommando bis zum Gleisdreieck. Von hier aus gingen sie weiter über eine Sumpffläche zum Hauptstützpunkt Sennesero und wir kehrten wieder zurück.

Der Winter stand bereits vor der Tür, es fing bereits leicht zu schneien an. Über Funk wurde gemeldet, dass ein Versorgungstrupp zu uns mit Winterbekleidung, Post und Munition unterwegs sei. Es war der 11. Oktober 1943, 10.30 Uhr, als der Versorgungstrupp von der Wiese in den Wald ging. Tags zuvor hatte man mich geholt. Mein Hund hatte sich auf die Schutzmauer gestellt, wobei er das Fell sträubte und knurrte, was bedeutete, dass er den Geruch von Russen aufgenommen hatte. Ich sagte dem Stützpunktkommandanten, dass der Russe hier in unmittelbarer Nähe sei, denn der Hund war auf den Geruch von Russen abgerichtet worden.

Der Versorgungstrupp war noch nicht lange im Wald verschwunden, als eine wilde Knallerei begann. Wir eilten gleich mit 20 Mann zu Hilfe. Der Russe hatte mit hundertfünfzig Mann unseren Versorgungstrupp überfallen, wobei es viele Tote und Verwundete auf beiden Seiten gab. Leider war auch mein Kamerad Rossmann mit seinem Hund unter den Gefallenen. Ich nahm die Erkennungsmarken ab und gab sie nach meiner Rückkehr bei der Hundestaffel ab.

Beide wurden dann mit den anderen gefallenen Kameraden mit militärischen Ehren beigesetzt.

Bei meiner Rückkehr zur Staffel bekam ich dann Heimaturlaub, die Freude war groß, wer fährt nicht gerne auf Urlaub. Der Urlaub dauerte vom 3. November bis zum 3. Dezember 1943.

Dann bekam ich den Befehl, mich am 3. Dezember 1943 in Oranienburg zu melden, um einen Schutzhund zu übernehmen. Er hieß Ludolf, Erkennungsmarke 221. Mit diesem Hund war ich bis März 1945 zusammen. Nach Beendigung der Gewöhnung bekam ich den Marschbefehl wieder nach Finnland zur dortigen Hundestaffel. Bei dieser blieb ich eine Woche. Am 3. Jänner ging es wieder in den Einsatz und zwar für fünf Monate zur Feldwache Nord. Hier hatten wir nur nachts auf Ski Spähtrupps zu laufen. Eines Nachts kam Schneetreiben während des Spähtrupps auf, sodass wir die eigene Hand nicht vor den Augen sahen, den Geruch im Rücken, und so konnte Ludolf den Geruch der Russen nicht aufnehmen, die im Gelände auf der Lauer lagen. Die Russen ließen uns vorbei und schnitten dann von der Fernsprechleitung zur Aufklärungsabteilung zehn Meter Kabel heraus. Somit war die Verbindung von der Feldwache Nord zur Aufklärungsabteilung unterbrochen. Aus Sicherheit wurde in dieser Nacht kein weiterer Spähtrupp gelaufen. Erst am Morgen sahen wir dann, was geschehen war. Wir stellten anhand der Skispuren fest, dass es fünfzehn bis zwanzig Russen gewesen sein mussten. Für unsere Nachrichtenleute gab es Arbeit. Sie hatten die Verbindung von der Feldwache zur Aufklärungsabteilung wiederherzustellen.

Mitte März 1944 wurde die Feldwache auf dreißig Mann verstärkt, ein Minengürtel von 800 Minen von der Aufklärungsabteilung über den See bis zu unserer Feldwache gelegt. Es ging die Parole um, der Russe greife mit Motorschlitten an. Der Angriff fand aber nicht statt und der Nachtspähtrupp wurde wieder gelaufen. Ende April, Anfang Mai taute der See auf und ein Frühlingswetter brachte die Minen zur Explosion. Noch bis zu zehn Kilometer flogen die Fensterscheiben heraus. Am 10. Juni 1944 ging ich mit meinem Hund Ludolf wieder zur Hundestaffel zurück. Es dauerte nicht lange und ein neuer Einsatz kam:

Großeinsatz bei der Aufklärungsabteilung. Nach meiner Rückkehr von der Feldwache Nord ging es mit zehn Schutzhunden und einer Rotte von drei Meldehunden zur Aufklärung. Dort angekommen, mussten wir für die Hunde Zwinger bauen. Holz war genug vorhanden. Vier Tage später wurde ein Fernspähtrupp in Stärke einer Kompanie mit zwei Schutzhunden zusammengestellt. Wir gingen durch die Stellungen in Richtung Stützpunk-

Hunde-Patrouille in Finnland

Li.: Aufklärungsspähtrupp mit Schutz- und Spürhunden

Re.: Vorgeschobener Posten mit Schutzhund

Li.: Rast der Hundepatrouille

Re.: Aufklärungszug mit Schlittenhunden

te AUERHAHN und BIRKHAHN zur russischen Feldwache. Nach unseren Schätzungen bestand diese Feldwache aus circa 400 Mann. Man hörte das Sägen und Fällen der Bäume für einen Knüppeldamm. Ein Großangriff stand bevor. Wir beobachteten das Geschehen, griffen aber nicht an. Die Aufgabe des Spähtrupps bestand darin, Partisanen, die in unseren Gebieten Straßen und Wege unsicher machten, zu stellen und zu vernichten. Wir waren zwei Schutzhundeführer und so wechselten wir uns in der Führung des Spähtrupps ab. Als ich wieder an der Reihe war, die Führung zu übernehmen, kam der Befehl, neue Richtung – Süd. Ich schickte meinen Schutzhund Ludolf vor und plötzlich hatte er Partisanen gestellt. Ich rief ihn sofort zurück, da ich ihn nicht verlieren wollte. Zwei Hunde hatten schon an meiner Seite ihr Leben gelassen. Es begann sofort eine wilde Schießerei auf beiden Seiten. Wir hatten einen Toten und einen Verwundeten zu beklagen. Die Zahl der gefallenen Russen war bedeutend höher. Wir machten noch zwei Gefangene, die wir mitnahmen und dem Bataillonsstab übergaben. Von dort wurden sie zur Division gebracht. Nach drei Tagen kehrten wir wieder zur Hundestaffel zurück.

Da wir ja alles alte Hasen waren, setzte man uns auch als Infanteristen ein. Einer musste die Hunde versorgen. Es war mein letzter Einsatz als Hundeführer in Finnland. Mitte September 1944 begann der Rückzug. Es ging über Narvik, Oslo, Friedrichstadt nach Dänemark, das wir am 9. Dezember 1944 in Richtung Westen verließen – es ging gegen die Amerikaner.

Meinen Schutzhund Ludolf hatte ich im März 1945 in Oranienburg bei der Hundeschule abzugeben. So musste ich mich von meinem treuen vierbeinigen Kameraden, der mit mir durch dick und dünn gegangen war, für immer trennen. Der Abschied war nicht leicht für mich – es flossen Tränen.

Aber nun wieder zurück nach Oranienburg:

Ich wurde den Ziehhunden zugeteilt, später in Karelien hatte ich Schlittenhunde. Drei Tiere wurden vor einer kleinen Karrette nebeneinander eingespannt und so mussten wir mit ihnen über Steilhänge und Wege Fahrten unternehmen. Der Sinn war, Munition von hinten nach vorne zu den Stützpunkten zu bringen. Die Idee war gut, aber im Einsatz in den Urwäldern Kareliens ging alles in Brüche, und so lernten wir von den Finnen, die bei ihren Ackjas die Hunde hintereinander eingespannt hatten. Mit den Ackjas transportierten wir die Verwundeten nach hinten. Im Sommer montierten wir kleine Räder, und so bewährten sich die Ackjas-Hundegespanne vorzüglich. Die Ausbildung dauerte zwei Monate. Ich hatte das beste Gespann, aber auch das rauflustigste. Sie bissen einander bei jeder Gelegenheit, am Anfang auch während der Fahrt; erst als sie in Finnland hintereinander eingespannt waren, liefen sie besser. Aber man musste die Tiere verstehen, es war nicht jeder Hund gleich zu behandeln. Sie waren oft eifersüchtig, jedenfalls war ich der beste Kunde beim Veterinär. Anfang Mai 1943 war es dann so weit, wir kamen nach Karelien. Zuerst waren wir bei der Nachrichtenabteilung in Zelten untergebracht, erst später wurde mit dem Bunkerbau begonnen. So wurden wir am Anfang ja auch als Köterführer bezeichnet, aber das sollte sich nach den ersten Einsätzen bald ändern. Wir wurden überall angefordert, denn man war draufgekommen, was unsere Hunde leisten konnten. Allein bei einem Spähtrupp liefen früher viele in einen russischen Hinterhalt, mit den Hunden war das fast nicht mehr der Fall.

In der Gudrundstellung brach der Russe eines Nachts ein – nach hartem Kampf gelang es, ihn aus den Gräben zu werfen. Es waren ganz tolle Kerle von der russischen Marineinfanterie, junge, große Burschen. Es gab bis auf einen Schwerverwundeten nur Tote bei ihnen. Im Morgengrauen bekam ich den Befehl, den verwundeten Russen zurückzubringen. Anfangs ging alles gut. Als ich über die Sumpfpläne und anschließend den Hang hochfuhr, erfasste mich der Russe mit der Ratsch-Bum. Ich konnte nicht mehr weiter, denn die Einschläge lagen neben und vor mir, weit und breit keine Deckung. Dann schlug eine Granate neben mir ein, der Ackja

Li.: Meldehundeführer mit ihren Hunden

Re.: Tinkhauser mit seiner Meldehündin Bruni

Li.: Tinkhauser mit seiner Meldehündin Bruni

Re.: Bruni mit einer Meldung unterwegs

Li.: Bruni hatte ein Welpen bekommen, dafür wäre ihr Herrl fast vor das Kriegsgericht gekommen

Re.: Hundeführer Tinkhauser mit Kamerad und der „sündigen" Bruni

Li.: Bunker in der Tundra, Tinkhauser mit Meldehunden

Re.: Aber dann ist auch der Hauptmann von dem Kleinen begeistert

wurde halb zertrümmert, zwei Hunde verwundet. Der Russe und ich blieben wie durch ein Wunder heil. Ich spannte die zwei verwundeten Hunde aus und nun schleppten wir, mein treuer Bibi, und ich den Ackja mit dem Verwundeten mit letzter Kraft den Hang hoch und in den rettenden Wald. Der schwerverwundete Russe, der alles mitbekommen hatte, drückte mir die Hand als Dank. Aber für mich waren alle Verwundeten gleich. In der Gudrunstellung rührte sich immer was. Die Verwundeten waren fast nur mit den Hundegespannen nach hinten durchzubringen. Die Gespanne haben sich hier hervorragend bewährt.

Erst vor einigen Jahren sprach mich in Schladming ein Mann an, der in Finnland als Schwerverwundeter von unseren Hunden aus dem Kessel herausgebracht worden war. Er bedankte sich, denn das war seine Lebensrettung gewesen. Er war so schwer verwundet gewesen, dass er in die Heimat entlassen wurde.

Stolz waren wir schon auf unsere Hunde, denn die schafften es letzten Endes fast immer.

Otto Schulz, Schlittenhundeführer, schrieb in seinem Tagebuch: Im März 1943 befand ich mich in der Genesenden Kompanie beim Ersatzbataillon der Nord in Trautenau. Dort wurden Freiwillige für die Hundestaffel in Berlin-Oranienburg gesucht. Aber keiner meldete sich. So kam es, wie es sein muss. Wir wurden bestimmt und ich war natürlich dabei.

Die ersten Tage waren die schwersten, wir bekamen die Hunde zugeteilt, die genauso eingezogen worden waren wie Mensch und Pferde. Nun mussten wir in die Zwinger hinein und mit den Tieren Fühlung aufnehmen. Es waren lammfromme dabei, aber auch welche wie Raubtiere, die einen sofort anfielen, und wenn man Glück hatte, kam man noch beim Türl hinaus. Ich hatte leider das Pech, drei Stück zu bekommen, und alle waren wie der Teufel. Auch einigen anderen ging es nicht besser und so beneideten wir die mit den gutmütigen Hunden.

Hundeführer mit Schutzhund Buko

Unsere Ausbildner waren hart. Wir mussten immer wieder in die Zwinger hinein, bis sich die Tiere langsam daran gewöhnten. „Das werden später einmal die besten Tiere", sagten sie und es stimmte auch.

An einen kann ich mich gut erinnern, er hieß Buko, hatte die Größe eines Kalbes und war wild wie ein Wolf. Sein Hundeführer war arm und zu bedauern, er wurde täglich beim Betreten des Zwingers angesprungen und zu Boden geschleudert, die Ausbildner mussten dann immer helfend einspringen. Er war bereits lazarettverdächtig, so viele Bisswunden hatte er schon. Pflaster auf die Wunden und eine Tetanusspritze, mehr gab es nicht. Nach 14 Tagen hatte sich Buko an seinen neuen Herrn gewöhnt und wurde der beste Schutzhund der Staffel. Später in Karelien war Buko am Anfang bei der Staffel unser Schrecken. Er hatte eine eigene Technik, aus dem Halsband zu schlüpfen und durch das Lager zu schleichen. Wer dann gerade Posten stand, wurde von Buko von hinten angesprungen und niedergerissen. Buko blieb auf seinem Opfer stehen, das musste sich ganz ruhig verhalten und konnte nur ganz leise rufen. Das ging am Anfang Nacht für Nacht so und sein Herrl musste jedes Mal aufstehen und seinen Hund holen. Der Hundeführer fluchte dann immer, aber uns war das ja auch nicht gerade angenehm. Da wir der Nachrichtenabteilung unterstanden, wurden die Posten auch immer kontrolliert. So gab es da einen Oberscharführer, der die Gewohnheit hatte, sich von hinten an den Posten heranzuschleichen und ihn zu entwaffnen. Es gelang ihm auch öfters. Aber einmal kam ihm Buko über den Weg. Der Hund warf den Oberscharführer gleich zu Boden und blieb auf ihm stehen, dieser schrie wie am Spieß. Erst nach einiger Zeit befreiten wir ihn. Von da an hatten wir einen Schrecken weniger. Buko kam dann zum Einsatz und leistete dabei auch sehr viel, so mancher verdankte ihm sein Leben, bis er später von einem Spähtrupp nicht zurückkehrte.

Eines Tages wurde ich von der Front zurückbeordert. Ich sollte auf einen Hochgebirgslehrgang nach Neustift in Tirol. Da ich ja ein begeisterter Bergsteiger war, fand ich das herrlich, anschließend gab es Urlaub. Als die schöne Zeit vorbei war, mich der karelische Urwald wieder aufnahm und ich die Staffel erreichte, war mein erstes Wort: „Was machen die Hunde?"

Buko, Schrecken der Unteroffiziere, Liebling der Mannschaft

Der Hundeführer, der in der Zeit meiner Abwesenheit die Tiere übernommen hatte, teilte mir mit, dass mein treuer **Rolf tot** sei, angeblich Herzschlag. Mein zweiter Rolf sei in seiner Hütte und lasse niemand zu sich, auch fraß er seit meiner Abwesenheit fast nichts. Der Fressnapf musste ihm mit einer Stange zugeschoben werden. Sofort war mein erster Weg zu Rolf. Was ich da vorfand, war schauerlich und erschütternd.

Rolf schleppte sich mit letzter Kraft aus der Hütte. Ich legte seinen Kopf zwischen meine Hände und er leckte sie ab. Am nächsten Tag lag er tot in seiner Hütte, er hatte nur mehr auf mich gewartet. Mir tat das sehr, sehr weh.

Als das **11. Regiment** aus der Gudrunstellung abgezogen wurde, blieb ich mit meinen Hunden zurück. In der Nacht kam die Ablösung von der Wehrmacht. Die 7. Gebirgsdivision, bei der ich als einziger Nordler bis zum Rückzug verblieb.

Es waren hauptsächlich Steirer und Kärntner, mit welchen ich mich prächtig verstand. Sie waren auch voll des Lobes über die Verwundetentransporte. Aus dieser schweren Zeit eine der wenigen lustigen Episoden:

Für meine Hunde hatte ich hinter einem großen Felsen Hundehütten gebaut, so waren sie vor dem Beschuss der Russen sicher. Der wusste ja, dass sich dort Hunde befanden, denn er hörte sie bellen, so weit weg war er nicht. Nun eines Tages verlegte er seine Batterien, sodass sie von der Seite auf uns schießen konnten. Uns in den Bunkern passierte ja nichts, aber um meine Hunde war mir bange. Als der erste Zauber vorbei war, schaute ich sofort zu meinen Tieren.

So weit alles gut überstanden. Nur mein weißer Lux war nicht mehr zu erkennen, er war grün und gelb vom Pulverdampf einer halben Granate, die vor seiner Hütte lag. Nun hatte ich einen grünen Lux und alle staunten darüber. Es dauerte lange, bis die Farbe verschwand, aber Hauptsache, er lebte. Nun musste ich die Hütten vor dem Beschuss verlegen. Hinter diesen Felsen kochte ich auch Hundefutter, hauptsächlich Graupen.

Eines Tages bekamen wir Besuch vom Kompanieführer Hauptmann Graupe. Zuerst schnauzte er mich an: „Sind Sie verrückt, hier Feuer zu machen, wo der Russe nicht weit weg ist?" Ich erklärte ihm, der Russe wisse sowieso, dass hier Hunde sind und ich hier bin. Nun fragte er mich, was ich denn kochte. „Graupe, Herr Hauptmann", antwortete ich.

Er schmunzelte, sah dann noch meinen grünen Lux, schüttelte den Kopf und ging.

7. Gebirgsdivision, Gebirgsnachrichtenabteilung: Aus den Aufzeichnungen von **Wilhelm Brand,** Hundeführer und Ausbildner in der Hundemeldestaffel:

Kriegsweihnachten 1942, Finnland im Urwald von Karelien. Mühsam stapfen wir einen schmalen, steilen Steig zum Kangasvaare (Eulenberg, 320 m) hinauf. Man glaubt zu hören, wie der Schnee verharscht, wie splitternde Glasscherben knirscht es unter den Bergschuhen. Unsere Gedanken eilen voraus zu den Kameraden, die heute auf einer einsamen Felskuppe in Lapplands Wildnis Weihnachten feiern. Und dann stehen wir drinnen im wärmenden Bunker der Außenstelle, mitten unter den Männern, die die Feierstunde des Heiligen Abend vorbereiten. Eine kleine Polarfichte haben sie aus der eisigen Kälte bereits geholt. Einmal öffnet sich die niedrige Tür, eine Kältewelle strömt herein. Der Hundeführer Willi kommt mit seinem Schutzhund Artus von der Bickelwiese, einem Rottweilerrüden, vom Grabendienst. Alles in Ordnung, Meldung an den Gruppenführer und Hundekuchen für Artus. Dann können Willi und Artus noch die weihnachtliche Stunde genießen, denn in drei Stunden geht es wieder zum Grabendienst.

Die Hundestaffel war dem 1. Bataillon zugeteilt und bestand aus Meldehunderotten, Schutz- und Suchhunden. Eine Meldehunderotte setzte sich aus drei Hunden und zwei Hundeführern zusammen. Ein Hundeführer und ein Hund waren in der Außenstelle, der Rest der Rotte in der Innenstelle. Einsätze gab es, wenn durch Feindeinwirkung die Fernsprechleitungen zerstört waren. Die Meldungen gingen dann im Wechsellauf. Feuerbefehle für die Artillerie und Granatwerfer wurden so übermittelt. Doch am Heiligen Abend enthielten die Meldekapseln der Hunde Weihnachtswünsche von den Kommandeuren – eine wahre Überraschung.

DIENSTREISE mit Schutzhund Rex von Karelien (Finnland) nach Berlin: Ich wurde zur Staffel zurückbeordert und in der Schreibstube teilte man mir mit, dass ich eine Dienstreise nach Berlin machen müsse, um den ausgedienten Schutzhund Rex dorthin zu bringen, anschließend gäbe es Kurzurlaub. Am nächsten Tag begann die vierwöchige Reise, pünktlich um sieben Uhr stand ich bei km 7 der Straße, um auf einen LKW zu warten. Ich und der Hund waren die Letzten, die verladen wurden. Nun sollte es 350 km bis Oslo über Schlaglöcher und Staub zurückgehen. Sitzgelegenheit war mein Rucksack.

Als die Urlauber sahen, dass ich einen Hund mithatte, begann gleich das Geschimpfe und es wurde noch ärger, als Rex mal groß musste. Ein Halten gab es deswegen nicht und bei der ersten Pause nach Stunden musste ich halt zur Reinigung schreiten, während die anderen Zigaretten rauchten und sich stärkten.

Aber auch die erste Etappe überstand ich. In Oslo im Durchganglager musste ich bis zum Schluss warten und wurde dann gefragt, ob der Hund scharf sei. Ich sagte ja, obwohl Rex fast keine Zähne mehr hatte und fromm wie ein Lamm war. So bekam ich einen Schuppen zugewiesen, in dem ich ganz allein hauste. Nun kam es zum Verpflegungsfassen. Mein Hund hatte dieselbe Karte wie ich, als Name stand „Schutzhund Rex" darauf. Der ersten Rotkreuz-Schwester fiel das auf und sie fragte: „Raucht der Rex auch?" Ich war nicht verlegen und sagte: „Ja, sehr stark sogar!" Worauf sie lachte. Sie war die Einzige, der die Zigarettenration für Rex aufgefallen ist. Eines Tages machte ich mit Rex einen Spaziergang in Oslo, und da ich den Hund schon lange genug kannte, gab ich ihn von der Leine. Mehr brauchte ich nicht. Von seinem Alter keine Spur – er machte einen Satz und weg war er. „Jetzt ist es aus", dachte ich mir. Wenn ich ihn nicht mehr fände und ohne Hund weitermüsste, könnte ich mit einer empfindlichen Strafe rechnen, da dies Wehrkraftzersetzung war. Oslo, eine Stadt mit 30.000 Einwohnern, und da einen Hund finden!

Doch dann war mir das Glück hold, ich hörte um eine Straßenecke Hundegebell. Es war Rex im Raufduell mit drei finnischen Hunden. Nun nichts wie los, ich holte Rex am Halsband aus dem Knäuel heraus und ließ ihn nicht mehr los. „Das hätten wir überstanden", dachte ich. Nach einigen Tagen ging die Fahrt mit der Eisenbahn im Güterwagen weiter. Auch da wurde ich über die Schärfe des Hundes gefragt und bekam wieder einen guten Platz zugeteilt. Zu fressen hatte ich immer genug für meinen Hund, da es in den Küchen stets Abfälle gab – die gute Wurst und die Zigaretten waren doch zu schade. Von Hangö ging es dann mit dem Schiff nach Reval. Dort wurden wir in Personenwagen aufgeteilt. Der Transportführer war ein älterer Hauptmann.

„Ist der Hund scharf?", fragte er mich und deutete auf meinen Rex. „Sehr gefährlich", sagte ich, „trotz Maulkorb." „Dann warten Sie bis zum Schluss", sagte er. Alles war verladen und ich stand noch immer da. „Sie sind noch hier, was mache ich mit Ihnen?", sagte der Hauptmann. „Wissen Sie was, gehen Sie in mein Abteil. Es steht leer und ich setze mich zu den anderen Offizieren."

So bekam ich mit Rex allein ein eigenes Abteil, obwohl der Zug mit Urlaubern total überfüllt war. Wenn der Zug hielt, ging ich mit Rex

Schutzhund Rex hat den Krieg überlebt

hinaus und so freundete sich ein Urlauber von der Marine, der wahrscheinlich ein Hundeliebhaber war, mit uns an und wir gingen gemeinsam auf und ab. Ich fragte ihn, ob er zu mir ins Abteil kommen wolle, nun spielten wir Karten. Dann wurden wir leichtsinnig.

Da ich kein Hundeputzzeug mithatte und Rex auch seine Pflege brauchte, machte sich langsam Geruch bemerkbar, worauf der von der Marine zu mir sagte: „Hier ist ein kleines Abteil, in dem der Schaffner Rast macht. Da tun wir den Rex hinein und bei den Halts holen wir ihn heraus." Ich ließ mich überreden. Es war am Bahnhof in Königsberg, ich wollte den Rex holen, der von der Marine war schon auf den Bahnsteig gegangen. Was sah ich – Rex war verschwunden. Ich schaute auf den Bahnsteig, mir stockte das Blut, in Windeseile sah ich Rex davonlaufen. „Nun hat's dich noch einmal erwischt", dachte ich mir. Aber auch dieses Mal hatte ich wieder Glück. Der von der Marine sah Rex vorbeiflitzen und schrie: „Rex!" Der blieb momentan stehen, da packte er ihn. Aber nun ließ ich ihn bis Berlin nicht mehr aus den Augen.

In Oranienburg, wo ich Rex abliefern musste, sagten sie zu mir: „Ja, was wollen Sie denn mit diesem Urgroßvater hier, der hat keine Zähne mehr, was sollen wir mit dem machen?"

Ich sagte, dass ich den Befehl hätte, den Hund hier abzuliefern. Aber so war es nun einmal – wäre ich ohne Hund gekommen, hätte ich nichts zu lachen gehabt. Auf alle Fälle konnte Rex in Pension gehen, einer der wenigen, die es überlebt hatten. Ende gut, alles gut.

Irgendwann wollte man meinen Leithund Bubi zum Schutzhund umschulen, da er das Zeug in sich habe. Ein Hundeführer sollte ihn abholen und sagte zu mir:

„Den Bubi bekommst du nicht mehr, der bleibt bei mir." „Nun gut", sagte ich, „hol ihn an die Leine." Ich rief nur: „Bubi!" Dieser machte mit seiner ganzen Kraft einen derartigen Löwensatz zu mir, dass es den Hundeführer zu Boden riss. Dann stand Bubi neben mir und winselte. „So", sagte ich, „nun kannst du ihn ja wieder holen." Und dann: „Bubi, pass auf!" Schon zeigte er die Zähne und ließ niemand mehr an mich heran. „Behalt ihn, der gehört dir", sagte der andere Hundeführer. So blieb mir mein Bubi bis zum bitteren Ende treu.

Bewachungsmannschaft mit Schutzhunden

Tinkhauser: Einer meiner Hunde hieß Ella, die einzige Frau unter lauter Männern. Eines Tages bemerkte ich, dass sie immer runder wurde, und so musste ich sie zur Abteilung zurückbringen. Das war dann ein Wir-

bel, denn eine trächtige Hündin darf es bei der Staffel nicht geben, da sie ja dadurch für längere Zeit ausfällt. Wenn nun nachgewiesen werden konnte, dass ich Ella absichtlich einen Freund zugeführt hatte, so drohte mir eine empfindliche Straße. Ich wurde verhört, aber ich wusste wirklich nicht, wer der Vater war. Dann war es so weit, fünf herzige Mischlinge kamen zur Welt und nun hatte die ganze Staffel ihre Freude daran. Meinen Bubi habe ich noch heute unter schwerem Verdacht.

So erlebten wir auch öfters etwas Schönes in dieser furchtbaren Zeit und übrigens rettete mir Ella noch das Leben, indem sie ihres gab. Als beim Zusammenbruch der Division 1945 in der Nähe von Frankfurt die Reste zusammengeschossen wurden, robbten Ella und ich über einen Hang. Nachdem vorher eine Panzergranate meine Hunde mit dem Gespann getroffen hatte, erwischte meine treue Ella eine MG-Garbe, während ich mich mit einem Sprung in eine Schottergrube rettete. Das war das Ende meiner Hunde.

7. Gebirgsdivision, Ski-Bataillon 8: **Fritz Uhl** war bereits seit 4. Jänner 1942 in Finnland, zuerst als vorgeschobener Beobachter, dann als Führer eines Werferzuges. Er schrieb darüber:

Als bei einem Aufklärungsunternehmen in der Osterwoche 1943 eine ganze Gruppe von den Russen mit Messern massakriert wurde, schwor ich mir, beim nächsten Urlaub einen Hund mitzunehmen. Ich war bereits zwei Jahre ohne Urlaub in Finnland, und nachdem ich den Kommandeur des Ski-Bataillons 82 überzeugt hatte, dass die Sicherungen und der Feuerschutz für die Feldwachen gegeben sind, bewilligte er meinen Urlaub.

Bereits auf der Fahrt beschäftigten mich der Gedanke und die Frage: „Was mache ich im Winter mit dem Wachdienst?" Die Sonne ging erst gegen 10.00 Uhr auf und um 14.00 Uhr unter – 20 Stunden Finsternis – 8 Posten mit Freiwache, alle 4 Stunden – jeden Tag, den ganzen Winter lang. Der einzige Ausweg – ein Hund. Ich war entschlossen, einen Hund aus der Heimat mitzunehmen. Die Rückfahrt nach Finnland klappte mit den üblichen Verzögerungen und Aufenthalten so einigermaßen. Die Schwierigkeit war für mich natürlich der Hund in der Alete-Kiste. Dann hatte ich bei den Verpflegungsstellen Schwierigkeiten, für ihn auch noch etwas Wehrmachtssuppe zu erhalten. Verständnis fand ich dann aber bei einem Zahlmeister auf dem Urlauberschiff, der meinem Rolf eine leere Meldehundebox zur Verfügung stellte. Von da an war auch das Verpflegungsproblem gelöst.

Als ich mich dann zurückmeldete, verschwieg ich zunächst den Hund. Der würde noch früh genug irgendjemand auffallen. Aber ich hatte Glück. Er wurde zum Liebling der Feldwachen und alle waren damit beschäftigt, für ihn ein entsprechendes Ausbildungsprogramm auszuarbeiten. Vordringliche Aufgabe war es aber, erstmals den Hund an mich und einige Unterführer zu gewöhnen, damit wir ihn mit auf Spähtrupp nehmen konnten. Schäferhunde lernen schnell und schon nach vier Wochen konnten wir uns zwei Posten ersparen. Rolf lief jede halbe Stunde seine Runde zwischen den Stacheldraht-Anlagen und wir waren sicher, dass er uns jede Wahrnehmung irgendwie anzeigen würde. Wir ahnten nicht, dass er uns die Probe seines Könnens bald vorführen würde.

In einer stockfinsteren Polarnacht im Frühjahr 1944, man sah die Hand nicht vor den Augen, meldete der Wachhabende, dass der Hund unruhig sei und verhältnismäßig lang auf seinem Rückweg brauche. Zudem fing es auch noch zu schneien an. Ich verstärkte sofort die Wache und ging mit dem Hund in den am weitesten östlich gelegenen Schützenstand. Tatsächlich, der Hund hatte etwas in der Nase. Er konzentrierte sich auf einen Punkt.

Draußen blieb es ruhig, zu ruhig, wir wussten nicht, ist ein feindlicher Spähtrupp, ein Zug oder eine Kompanie vor uns? Ich gab Alarm, der reibungslos und ohne einen Laut verlief. Vorsorglich war auch der Stützpunkt informiert. Gegen 08.30 Uhr, als der Morgen graute, musste sich die Sache ja entscheiden. Von den Nachbarfeldwachen forderten wir verstärkte Verbindungsspähtrupps an, um festzustellen, ob durch Skispuren feindliche Spähtrupp-tätigkeit festzustellen wäre. Nichts. Nun starteten wir einen Spähtrupp auf dem See und tatsächlich stieß der Trupp 600 m östlich vor der Feldwache auf eine einzelne Spur. Nach kurzer Zeit fanden die Jäger einen halb erfrorenen Soldaten der Luftwaffe in seiner Pelzkombination. Nach seiner Bergung konnte er wieder zum Leben erweckt werden. Er gehörte zu einer Jagdbomberstaffel, welche die Murmanskbahn angegriffen und Treffer im Motor bekommen hatte. Er hatte versucht, noch so weit wie möglich nach Westen zu kommen, bevor er zu einer Notlandung ansetzte. In der Nacht wusste er nun nicht, ob er russische oder deutsche Feldwachen vor sich hatte, so drehte er wieder um und wäre bestimmt erfroren, wenn Rolf ihn nicht entdeckt hätte.

Als Dank und Gruß von der Luftwaffe erhielten wir später einige Male einen Verpflegungsfallschirm mit herrlichen Sachen wie Schokolade, Cola und Keksen. Unser Rolf war eine feste Planstelle in meinem Zug, er hatte eine transportable Hütte – „Rolfs Gartenlaube". Er war immer in meiner Nähe und begleitete mich mit meinem Melder Werner Scheiber aus Tirol zu jeder Besprechung im Stützpunkt, die ansonsten ohne Gruppensicherung nicht durchzuführen gewesen wäre. Wenn ich meine Ski vor dem Chefbunker abstellte, nahm Rolf daneben Platz, wehe, wenn sich irgendein Jäger an meinen Ski zu schaffen machen wollte. Im ganzen Bataillon kannte man meinen Hund, aber Streicheleinheiten erlaubte er nur Angehörigen meines Zuges.

Frühjahr 1944: **Rolf** war, wie immer, beschäftigt. Er machte seine nächtlichen Rundgänge zwischen dem Drahtverhau und vor der Feldwache. Er war bei jedem Verbindungsspähtrupp zur Nachbarfeldwache dabei. Er war ein wirklicher Kamerad, ich konnte mir ein Leben ohne Hund nicht mehr vorstellen. Eines Tages frühmorgens machte Rolf gerade seine letzten Runden vor Beginn des Tages. Die Feldwache hatte ungefähr 1.500 bis 2.000 m Fläche und lag direkt am Topsee. Vielleicht bekam er Witterung von Wild, jedenfalls verließ er seinen vorgeschriebenen Weg, was weiß ein Hund schon von einem Minenfeld, kroch durch den Drahtverhau und schon wurden wir durch die Detonation einer Schützenmine (finnischer Herkunft), die einen Meter hochgeschleudert wird und dann krepiert, aufgeschreckt. Nach kurzer Zeit konnten wir feststellen, dass Rolf die Mine ausgelöst haben musste. Auf mein Rufen winselte er und kroch denselben Weg wieder in den freigeschaufelten Schützengraben zurück. Wir brachten ihn in meinen Bunker und konnten feststellen, dass er nicht schwer verletzt war, lediglich ein Splitter hatte ihm seine prächtige Rute abgeschlagen und am Körper hatte er mehr als 25 Splitter, die er selbst beleckte. Den Schwanz versorgten wir vorerst mit einer Schiene, doch als sich nach ein paar Tagen herausstellte, dass keine Heilungschancen bestanden, mussten wir zur Amputation schreiten. Rolf war nach drei Wochen wieder voll dienstfähig und hatte keinerlei Beschwerden mehr. Er beteiligte sich an den Spähtrupps, begleitete mich auf vielen Wegen. Nur hatte unser gut und schön gebauter Rüde mit seinen zwei Jahren einen kleinen Schwanzstummel.

Siegfried Tinkhauser führte eine Hundestaffel in der **6. Gebirgsdivision, Regiment 143,** beim Stab des 3. Bataillons. Seine Ausbildung erfolgte in Salzburg, wo ihm die Schäferhündin Brunhilde zugeteilt wurde. Es gab dort 300 Hunde aller Rassen. Brunhilde, die als Meldehündin ausgebildet war, begleitete ihn im Frankreich- und Griechenlandfeldzug sowie in Finnland. Die Meldeeinsätze erfolgten in Finnland von der Lizza aus in die Stützpunkte der Tundrafront K 1, K 2, K 2a, Jägerschanze und Steiermark. Dort versuchten die Russen mittels läufiger Hündinnen die deutschen Meldehunde abzufangen, was ihnen auch teilweise gelang. An der Front der Tundra hatte Ella den kleinen Pil geworfen und keiner wusste, wer der Vater war.

Beim Rückzug musste er schweren Herzen seine Brunni einem norwegischen Bauern überlassen. Die Hündin hatte ihm mit ihrem Instinkt einige Male das Leben gerettet.

1944: Der Finne hatte kapituliert. Wir wurden noch 30 km nördlich vor unserem festen Frontabschnitt im Urwald 18 Tage vom Russen eingeschlossen, wobei uns Rolf gute Dienste leistete – durch ihn waren wir vor

Li.: Rückzug aus Norwegen

Re.: Meldehündin Bruni wurde einem Norwegischen Bauern übergeben

Überraschungen sicher. Dann kam der Rückmarsch über Rovaniemi, an die Schwedenstraße bis Skibotn mit schweren Abwehrkämpfen, Rolf immer an meiner Seite, 3.200 km zu Fuß.

Nach dem 8. Mai 1945, Rolf war noch immer bei mir, erfuhren wir, dass die Engländer alle Hunde der Marine vor den Augen ihrer Besitzer erschlugen, sodass wir uns schweren Herzens entschlossen, unseren besten Kameraden Rolf zu erschießen, um ihm dieses Schicksal zu ersparen.

Er hat sein **Grab in Röros in Norwegen,** 120 km südöstlich von Trondheim.

Es gibt im Krieg keinen besseren Kameraden als den Hund, denn er verlässt seinen Herrn nie, auch wenn er selbst dabei zu Grunde geht.

NACHWORT

Gerade in einer Zeit, in der man immer wieder Negatives über Hunde liest, ist es mir ein Bedürfnis, für diese treuen Tiere eine Lanze zu brechen. Es gibt keinen, der in seinen Empfindungen und Zuneigungen so innig sein kann wie ein Hund.

ZEIG MIR DEINEN HUND UND ICH WILL DIR SAGEN, WER DU BIST!

Es sind wohl nur wenige unter uns, die ihn an Treue und bedingungsloser Aufopferung erreichen. Wie oft hat er sein Leben nicht nur für seinen Herrn, sondern auch für fremde Menschen geopfert

Rührender ist kein Wesen als der Hund, wenn er mit traurigen Augen zu seinem Herrn emporblickt und ihn durch sanftes Streicheln mit der Pfote zu trösten sucht.

Schopenhauer nennt den Hund die GRÖSSTE EROBERUNG des Menschen und es spricht in der Tat für uns, dass wir einen solchen Freund gewinnen konnten. Wenn aber ein Tier, das wagemutig für andere in den Tod zu gehen bereit ist, so viel Treue und Güte enthält, dass es selbst Ungerechtigkeiten nur mit einem stummen Flehen beantwortet, so spricht es leider gegen uns, dass wir in unserem Sprachgebrauch seinen Namen in hässlicher Weise für hässliche Dinge benützen.

Diese Worte schrieb schon Rittmeister Stephanitz. Ganz ähnlich drückte sich Otto Ernst aus:

„Ich möchte wissen, wer auf die törichte Idee gekommen ist, das Wort HUND als Schimpfwort zu gebrauchen – ich will's gewiss nicht wieder tun!"

WER HUNDE LEHREN WILL, MUSS SIE VERSTEHEN,
MUSS SELBST MIT HUNDEAUGEN SEHEN.
ER NEIGE LIEBEVOLL ZUM HUND SICH HIN,
ERFORSCHE, PFLEGE HUNDEHERZ UND SINN!

Abkürzungsverzeichnis

ADr .... Amtsdirektor
AFDRU .... Austrian Forces Desaster Relief Unit
AbtInsp .... Abteilungsinspektor
ASBÖ .... Arbeiter-Samariter-Bund Österreich
AUA .... Austrian Airlines
BAZ .... Berufsausbildungszentrum
BezInsp .... Bezirksinspektor
C-IED .... Counter Improvised Explosive Device
DH .... Diensthund
DHF .... Diensthundeführer
EOD .... Explosive Ordnance Disposal
EUFOR .... European Union Force
GDH .... Gendarmeriediensthund
GDHF .... Gendarmeriediensthundeführer
GPS .... Global Positioning System
GrInsp .... Gruppeninspektor
IPO-R .... Prüfungsordnung für Rettungshunde
KFOR .... Kosovo Force
Kdt .... Kommandant
KontrInsp ...... Kontrollinspektor
LGK .... Landesgendarmeriekommando
MPi .... Maschinenpistole
NÖ .... Niederösterreich
ÖBRD .... Österreichischer Bergrettungsdienst
ÖHU .... Österreichische Hundeunion
ÖKV .... Österreichischer Kynologenverband
ÖRHBD .... Österreichische Rettungshundebrigade
ÖRK .... Österreichisches Rotes Kreuz
OZE .... Optische Zeichenerkennung
PDH .... Polizeidiensthund
PDHF .... Polizeidiensthundeführer
PDHI .... Polizeidiensthundeinspektion
Ratsch-Bum .... sowjetisches PaK-Geschütz
Reg.Rat .... Regierungsrat
RevInsp .... Revierinspektor
SVÖ .... Österreichischer Verein für Deutsche Schäferhunde
UNO .... Vereinte Nationen
UNDOF .... United Nations Disengagement Observer Force

Verwendete Literatur:

Friedrich Brettner: Diensthund DINGO
Oberst Otto Koppitsch: Militärhunde von Kaisersteinbruch

Geleitworte:

Präsident des Roten Kreuzes, General d. Justizwache Schmoll Josef
Oberst Polaschek Andreas, Kommandant NÖ Polizeidiensthunde
Oberst Koppitsch Otto, Kommandant d. Militärhundezentrums Kaisersteinbruch
Amtsdirektor Reg. Rat Druml Rudolf, Bundesleiter Zolldiensthundewesen
Präsident der Österreichischen Rettungshundebrigade Gruber Helmut

Berichte:
Bundesheer: Schneidhofer Petra
Deutschland, Zollhunde: Roddies Heiko, Lehrender
Suchhundestaffeln Rotes Kreuz:
Berichte NÖ: Landesleiter Karner Hugo
Bericht Wiener Neustadt: Karner Karin
Bericht Wiener Neustadt: Katzgraber Johann
Bericht Neunkirchen: Hirschegger Jochen, Mag. Pachler Susanna
Bericht Poysdorf: Krauss Gerhard
Bericht Purkersdorf-Gablitz: Stidl Franz
Österreichische Bergrettung: Basetti Hans

Polizei:
KontrInsp Enzmann Peter, PDHI Echsenbach
KontrInsp Litsch Johann, PDHI Guntersdorf
KontrInsp Wuketits Anton, PDHI Schwechat
KontrInsp Pauker Markus, PDHI St. Pölten
KontrInsp Rathmanner Joachim, PDHI Wiener Neustadt
AbtInsp Glaser Nicol
BezInsp Höld Andrea
BezInsp Handl Cornelia
RevInsp Strobl Eva
RevInsp Gröll Ulrike
Zolldiensthundeführerin Gärtner Silvia

Bilder:
Rotes Kreuz: Suchhundestaffeln Wiener Neustadt, Neunkirchen, Poysdorf, Purkersdorf-Gablitz, St. Aegyd.
Polizei: NÖ Landespolizeidirektion St. Pölten/Pressestelle (Enzmann, Effenberger, Höller), Pfarr Manfred, Höld Andrea, Handl Cornelia, AD Druml Rudolf, Dr. Randl Heike, Mag. Randl-Gadora Ulrike, Hütterer Stefan, Archiv Brettner Friedrich
Bundesheer: Archiv Oberst Koppitsch Otto, Hundeführerin Schneidhofer Petra
Deutsche Bundeswehr: Oberfeldveterinär Dr. Herr, Stabsfeldwebel Krüger
Rettungshundebrigade: Bundespressereferent Dipl. Kfm. Khälß Josef
Archiv Brettner Friedrich

Auch aus dem Kral-Verlag:

24,5 x 32,5 cm • 248 Seiten • 430 Abb.
Fadenheftung, Schutzumschlag • EUR 29,90
ISBN: 978-3-99024-171-4

24,5 x 32,5 cm • 240 Seiten • 350 Abb.
Fadenheftung, Schutzumschlag • EUR 29,90
ISBN: 978-3-99024-233-9

24,5 x 32,5 cm • 192 Seiten • 400 Abb.
Fadenheftung, Schutzumschlag • EUR 29,90
ISBN: 978-3-99024-347-3

24,5 x 32,5 cm • 240 Seiten • 300 Abb.
Fadenheftung, Schutzumschlag • EUR 29,90
ISBN: 978-3-99024-273-5

24,5 x 32,5 cm • 192 Seiten • 450 Abb.
Fadenheftung, Schutzumschlag • EUR 29,90
ISBN: 978-3-99024-466-1

16,5 x 24 cm • 1.264 Seiten • zahlreiche Abb.
Fadenheftung • EUR 79,90
ISBN: 978-3-99024-237-7

23 x 28 cm • 84 Seiten • 200 Abb.
Fadenheftung • EUR 24,90
ISBN: 978-3-99024-172-1

Impressum

Verleger und Herausgeber: KRAL-Verlag GmbH (Inh. Robert Ivancich)
John F. Kennedy-Platz 2, A-2560 Berndorf, Tel: 0660 - 435 76 04
E-mail: office@kral-verlag.at, www.kral-verlag.at

Für den Inhalt verantwortlich: Prof. Friedrich Brettner, A-2640 Gloggnitz (f.brettner@brettnerbuch.at)

1. Auflage / Erschienen in Berndorf im April 2018 /
ISBN: 978-3-99024-760-0